"十二五"职业教育国家规划教材
经全国职业教育教材审定委员会审定

服饰手工艺

赵晓玲 ◎ 主编

U0194461

FUSHI SHOU GONG YI

化学工业出版社

·北 京·

本书是高职院校服装设计、服装设计与工艺、纺织品装饰艺术设计等专业的教学用书。主要内容包括：汉族民间服饰手工艺，手针工艺与技法，钩编、结艺、挑花、贴补、缩褶工艺与技法，传统服饰手工艺与技法，印花、烫花、扎染、蜡染工艺与技法，手工剪纸艺术，堆锦工艺与技法，壁挂工艺与技法，米山民间墩画（花）工艺与技法，电脑绣花机、DIY、人体绘身艺术等。全书内容较丰富，图文并茂，便于学生学习和掌握操作技能。课后练习以教材为原型，以设计为主体，以激发学生创新思维训练模式为根本，重在将中国传统服饰手工艺传承、传播、开拓创新，并赋予更深层次的内涵。

本教材注重理论与实操统一，通过学习，学生能基本掌握服饰手工艺的技法和艺术。此外，本书也可作为业余爱好者丰富日常生活的读物。

图书在版编目（CIP）数据

服饰手工艺/赵晓玲主编． —北京：化学工业出版社，2013.8（2022.2重印）
ISBN 978-7-122-17596-0

Ⅰ．①服… Ⅱ．①赵… Ⅲ．①服装-手工艺-高等职业教育-教材 Ⅳ．①TS941.3

中国版本图书馆CIP数据核字（2013）第124023号

责任编辑：蔡洪伟　陈有华	文字编辑：谢蓉蓉
责任校对：蒋　宇	装帧设计：尹琳琳

出版发行：化学工业出版社（北京市东城区青年湖南街13号　邮政编码100011）
印　　装：北京瑞禾彩色印刷有限公司
787mm×1092mm　1/16　印张13　字数300千字　2022年2月北京第1版第7次印刷

购书咨询：010-64518888　　售后服务：010-64518899
网　　址：http://www.cip.com.cn
凡购买本书，如有缺损质量问题，本社销售中心负责调换。

定　　价：48.00元

编写人员名单

主　　编：赵晓玲　晋城职业技术学院

副主编：张朝阳　平顶山工业职业技术学院

　　　　贺树青　内蒙古商贸职业学院

　　　　王小娟　晋城职业技术学院

　　　　连仙枝　晋城职业技术学院

　　　　邵卯仙　晋城职业技术学院

　　　　李月胜　山西森鹅服装公司

　　　　张高峰　山西名锦居家服饰公司

　　　　李　泓　山西景柏服饰公司

　　　　席　琦　晋城职业技术学院

参　　编：郭秀峰　晋城职业技术学院

　　　　张文龙　晋城职业技术学院

　　　　焦建云　晋城职业技术学院

　　　　赵玉兰　江门市荷塘职业技术学校

　　　　茹慧军　晋城职业技术学院

　　　　常瑞萍　山西森鹅服装公司

　　　　李　磊　晋城职业技术学院

　　　　冯小刚　晋城职业技术学院

　　　　梁　洁　晋城职业技术学院

　　　　李江霞　晋城职业技术学院

　　　　董江河　晋城职业技术学院

　　　　周文霞　晋城职业技术学院

　　　　申莉轩　晋城职业技术学院

前言

本书是高职院校服装设计、服装设计与工艺、纺织品装饰艺术设计等专业的教学用书，全书共分十二章。编写任务分配，按照编者研究方向、多年教学领域和擅长技法等进行自行选择。第一章服饰手工艺文化，由赵晓玲、连仙枝编写；第二章手针工艺与技法，由李月胜、焦建云编写；第三章钩针、绳结、中国结工艺与技法，由张朝阳、李江霞编写；第四章传统服饰手工艺与技法由赵晓玲、李磊编写；第五章印花、烫花、扎染、蜡染工艺与技法，由常瑞萍、周文霞编写；第六章手工剪纸艺术，由梁洁、申莉轩编写；第七章壁挂工艺与技法，由郭秀峰、茹慧军编写；第八章堆锦工艺与技法，由王小娟、席琦编写；第九章山西高平米山民间墩画（花）工艺，由邵卯仙、冯小刚编写；第十章电脑绣花机，由张文龙、董江河编写；第十一章服饰手工艺DIY，由贺树青、赵玉兰编写；第十二章绘身艺术，由张高峰、李泓编写。参与单位有山西晋城职业技术学院、河南平顶山工业职业技术学院、内蒙古商贸职业技术学院、山西森鹅服装公司、山西景柏服装公司、山西名锦居家服饰公司等单位。本书是一本校企合作共同研发的教材。

本书在编写过程中，得到了同行们的鼓励和支持。尽管编写者在凝心聚力下、共同努力完成了本教材的编写任务，但其中难免有不尽如人意之处，请同行和读者不吝赐教！

主　编
2013年6月

目 录

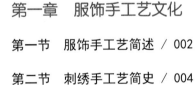

/001

/035

目录

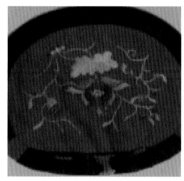

/071

第三章　钩针、绳结、中国结工艺与技法

第四章　传统服饰手工艺与技法

/093

目 录

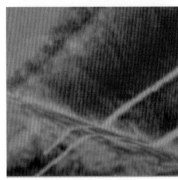

/111

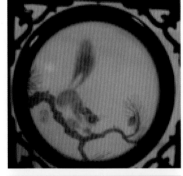

/129

目　录

第七章　壁挂工艺与技法

第八章　堆锦工艺与技法

第九章　山西高平米山民间墩画（花）工艺

目 录

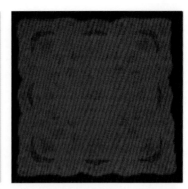

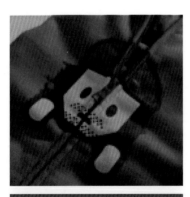

第一章　服饰手工艺文化

第一节　服饰手工艺简述

服饰手工艺是服饰文化的一部分，是人类在长期的生产和生活实践中发明创造并不断发展的具有应用价值的工艺，是服饰手工艺人集体智慧的结晶。服饰手工艺是人类文明的产物，又是人类文化的重要载体。不同民族的手工艺充分反映了其各自不同的思想感情、风俗习惯和特有的审美情趣。

一、服饰手工艺的历史与变迁

1. 服饰手工艺的历史

服饰手工艺随着服装史的轨迹发展与变化，经历了以下几个时期：

① 古埃及是手工艺技术的开端，从埃及第一王朝（公元前2850年至公元前2750年）开始；

② 哥特式时代（13 ~ 15世纪）；

③ 16世纪中叶，初期的针绣花边出现；

④ 进入17世纪后，形成了绘画和建筑式样的巴洛克风格❶；

⑤ 到18世纪逐渐演变成"洛可可"❷式，花边设计制作工艺更加精细。

2. 服饰手工艺的变迁

近现代（19 ~ 20世纪）随着法国君主制度的崩溃，以及工业革命对各方面的影响，服装不断产生变化。服装商的刺绣量减少，也不需要花边，技术也日趋衰落；相反，随着机械的出现，缝纫机花边快速发展，为现在机绣乃至电脑绣花奠定了基础。

二、服饰手工艺的概念与种类

服饰手工艺是使用布、线、针以及其他各种材料，对服装进行手工制作的技术总称。服饰手工艺也叫装饰工艺。服饰手工艺的种类分为传统手工艺和现代装饰技法。

1. 传统手工艺

（1）刺绣：中国刺绣主要有苏绣、湘绣、蜀绣和粤绣四大门类。

（2）绗缝：是用长针缝制有夹层的纺织物，使里面的棉絮等固定。

（3）扎染：扎染是一种先扎后染的防染工艺。

（4）拼布：是在基布上将各种形状、色彩、质地、纹样的其他布组合后的图案贴上固定的技法。

---

❶ 巴洛克服饰风格：花边、缎带、长发和皮革的时代。

❷ 洛可可服饰风格：裙撑架再度兴起，此时裙撑架的形式为前后扁平、左右对称，外穿衬裙，皱褶、花边，华丽高贵。

（5）编织：是把细长的东西互相交错或钩连而组织起来。

（6）手绘：运用毛笔、画笔等工具蘸取染料或丙烯涂料按设计意图进行绘制。手绘的优点是如绘画般地勾画和着色，对图案和色彩没有太多限制，只是不适合涂太大面积颜色，否则涂色处会变得僵硬。手绘一般在成衣上进行。

2. 现代装饰技法

（1）花饰：用花作饰品，配在服装上。

（2）造型：面料的立体造型、剪、挖、补后，形成新的造型效果。

（3）撕：是用手撕的方法做出材料随意的肌理效果。

（4）喷绘：图案通过计算机进行设计，可随心所欲，充分体现设计师的个性，然后通过数码喷绘技术印出来，色彩丰富，可进行2万种颜色的高精细图案的印制，并且大大缩短了设计到生产的时间，做到了单件个性化的生产。

（5）做旧：通常用在仿古玉器上，目的是使玉器表面呈现旧的表象，使其表面更像更接近所仿的那个时代。

（6）烧：是利用烟头在成衣上做出大小、形状各异的空洞来，空洞的周围留下棕色的燃烧痕迹。在处理面料时，利用以上的各种技法可以再造出独具个性的服饰作品。

（7）烫贴：是一种新型服装装饰技术，它的传神之处在于能够利用简单快捷的烫贴技巧实现独特的创意，炮制出各种立体效果，实现时装新潮别致、赏心悦目、变化多姿的设计主题。

（8）褶饰、花饰等。

三、服饰手工艺设计

服饰手工艺设计，广义上指所有造型的计划，狭义上指图案及意匠。服饰手工艺设计指作品计划设立后，以图案制作为主的作业。对于图案的创作来说，充分掌握造型要素中基本的形、色、材料是十分重要的。

1. 服饰手工艺设计的表现形式

服饰手工艺设计——形。形是由点、线、面组成。形是所有造型的基本因素，是造型艺术家表达艺术构思和传达情感的基本语言。点、线、面不仅是服饰手工艺的构成要素，也是服装款式构成的基本要素。

服饰手工艺设计——色。暖色系、中性暖色、中性系、中性冷色、冷色系。

服饰手工艺设计——材料。纸、布革、木、黏土、塑料、金属、线等，抓住各种材料的特征来进行设计是非常重要的。

2. 服饰手工艺设计的灵感来源

（1）姐妹艺术。艺术是相通的，绘画、雕塑、建筑、音乐、舞蹈、戏曲、电影等姐妹艺术虽然都具有各自丰富的内涵和不同的表现手法，但很多方面是相通的，可以融会贯通，这也成为设计灵感的最主要来源之一。

（2）人类生活。艺术来源于生活，而又高于生活，人类的生活丰富多彩，包罗万象，因此要善于观察、研究和积累，在平常的一些生活事务中，随处都存在灵感启示。

（3）民族文化。民族的就是世界的，不同民族有着各自不同的民俗文化，不同的地域特点、风土人情造就了各民族不同的服饰艺术风格，体现了各民族各具特色的审美趣味。

（4）科技进步。当今服装界采用新颖的高科技服装面料或利用高科技手段改造面料的外观效果，是设计师追求的方向，科技手段与成果激发着设计灵感。

四、服饰手工艺的意义

服饰手工艺可丰富服装的装饰形式，更好地表现服装的个性；可增强服装的审美情感，突出服装的设计重点；增强服装的竞争力，更能体现民族的原创文化。在服装材料日新月异的今天，千奇百怪的装饰材料为设计师们实现创作灵感提供了更为广阔的空间。

21世纪的服装设计趋势之一将是以面料材质外观构思源泉，完善面料处理搭配技巧，通过材料发挥与众不同的特色，传达服装最本质的美。

练习题

1. 市场调研：服饰手工艺产品市场状况；列举服饰手工艺在服装、服饰、室内装饰等方面的应用及其名称。

2. 市场调研：收集服饰手工艺的制作材料，制作手工艺材料卡样板。要求：线材规格长度单色5cm，多色则盘绕，范围5cm×5cm。

3. 预习下节课并准备上课所使用的必备工具及材料。

第二节　刺绣手工艺简史

刺绣是针线在织物上绣制的各种装饰图案的总称。即用针将丝线或其他纤维、纱线以一定图案和色彩在绣料上穿刺，以缝迹构成花纹的装饰织物。它是用针和线把人的设计和制作添加在任何存在的织物上的一种艺术。刺绣是中国民间传统手工艺之一，在生活和艺术装饰等方面都会运用到刺绣工艺，如服装、床上用品、艺术品等，其用途十分广泛。

一、刺绣简介

刺绣古称针绣，是用绣针引彩线，将设计的花纹在纺织品上刺绣运针，以绣迹构成花纹图案的一种工艺。古称"黹"、"针黹"。因刺绣多为妇女所作，故又名"女红"。刺绣是中国古老的手工技艺之一，已有2000多年历史。据《尚书》载，远在4000多年前的章服制度，就有"衣画而裳绣"的记载。至周代，有"绣绩共职"的记载。刺绣起源很早。黼黼絺绣之文，见于尚书。虞舜之时，已有刺绣。东周已设官专司其职，至汉已有宫廷刺绣。三国吴孙权使赵夫人绣山川地势军阵图。唐永贞元年（公元805年）卢眉娘以法华经七卷，绣于尺绢之上，因刺绣闻名，见于前者著录。自汉以来，刺绣逐渐成为闺中绝艺，有名刺绣家在美术史上也占有了一席之地。

在原始社会，人们用文身、文面来进行装饰。自从有了麻布、毛纺织品、丝织品，有了衣服，人们就开始在衣服上刺绣图腾等各式纹样。湖北和湖南出土的战国、两汉的绣品，水平都很高。唐宋刺绣施针匀细，设色丰富，盛行用刺绣作书画、饰件等。明清时封建王朝的宫廷绣工规模很大，民间刺绣也得到进一步发展，先后产生了苏绣、粤绣、湘绣、蜀绣，号称"四大名绣"。此外还有顾绣、京绣、瓯绣、鲁绣、闽绣、汴绣、汉绣、麻绣和苗绣等，都各具风格，沿传迄今，历久不衰。刺绣的针法有齐针、套针、平金等几十种，丰富多彩，各有特色。

刺绣按照材料又可分为丝绣和发绣。绣品的用途包括：生活服装，歌舞或戏曲服饰，台布、枕套、靠垫等生活日用品及屏风、壁挂等陈设品。明代刺绣中最著名的是顾绣。

刺绣在陕西渭南世代相传，遍及全市，花色品种达上百个。主要有枕、童帽、裹肚、门帘、鞋垫、床围、针线包、荷包、动物玩具等，其内容多为花鸟虫鱼和风俗画面。潼关一带的妇女，将象征富贵的牡丹和素雅的荷花绣于布马镫两端，做工精巧，十分耐看，人称"东府刺绣一绝"。随着时代的变化，绣品内容有所更新；同时，一些传统绣品已进入外贸市场。

二、中国刺绣发展史

1. 商周刺绣

商周已有专门的纺织业和缝纫工业。丝织品受王室重视，商王室设专管蚕事的文官"女蚕"。西周的染织刺绣已有专门的分工，文献记载了素衣朱绣、流畅的刺绣线条等情况。但是刺绣实物却不易保存，难以目睹。考古曾发现殷商铜觯上黏附的菱形纹刺绣残片，绣线细而柔软，并有深浅不一的晕色，其所用针法可能是平绣。商周至汉代一千多年间，针法以锁绣类为主，加上少数平绣类针法。商周刺绣式样具有固定的规格，图案表现出明显的次序感，是对等级社会的一种强调。河南安阳殷墟妇好墓出土，中国社会科学院考古研究所藏。该玉人身穿龙袍，腰束大带，身穿交领过膝绣衣，下裳饰升龙纹。领圈饰云雷纹，后背饰黼纹，前胸饰龙头纹，两臂饰降龙纹，两腿饰升龙纹。似目前可见最早的"黼衣绣裳"。

刺绣，是先用黄色丝线在染过色的丝绸上绣了纹样的轮廓线条，再以毛笔在花纹部位图绘大块颜色。色有红、黄、褐、棕四种，其中红色为天然朱砂（硫化汞），黄色为石黄（三硫化二砷和硫化砷），用这两种矿物颜料加入黏着剂以后涂染织物，有一定牢度，色相也非常鲜明。

2. 战国刺绣

中国刺绣起源很早，相传"舜令禹刺五彩绣"，夏、商、周三代和秦汉时期得到发展。从早期出土的纺织品中，常可见到刺绣品，早期的刺绣遗物显示：周代尚属简单粗糙；战国渐趋工致精美，这时期的刺绣用的都是辫子绣针法，也称辫子绣、锁绣。湖北江陵马山硅厂一号战国楚墓出土的绣品，有对凤纹绣、对龙纹绣、飞凤纹绣、龙凤虎纹绣禅衣等，都是用辫子股施绣而成，并且不加画填彩，这标志此时的刺绣工艺已发展到相当成熟的阶段。这些绣品在图案的结构上非常严谨，有明确的几何布局，大量运用了花草纹、鸟纹、龙纹、兽纹，并且浪漫地将动植物形象结合在一起，手法上写实与抽象并用，穿插蟠叠，刺绣形象细长清晰，留白较多，体现了春秋战国时期刺绣纹样的重要特征。

3. 汉代刺绣

汉代，刺绣开始展露艺术之美。因为经济繁荣，百业兴盛，丝织造业尤称发达；又当社会富豪崛起，形成新消费阶层，刺绣供需应运而兴，不仅已成民间崇尚广用的服饰，手工刺绣制作也迈向专业化，尤其技艺突飞猛进。从出土实物看，绣工精巧，图案多样，呈现繁美缛丽的景象，堪称这项民族工艺奠定优秀的传统。

汉代都城长安设织室管理纺、织、染手工业，刺绣工艺有飞跃的进步。刺绣在生活中应用范围更加广泛，除服饰之外亦有家居品及装饰宫室车舆、帐帷等用品。丝绸之路的开通也促进了中外经济贸易及文化的交流。东汉时佛教传入中国，南北朝佛教普遍于民间。以佛像刺绣为供养品德风气盛行，开创了观赏型刺绣的先河。

汉代绣品多为云纹、卷草、瑞兽等图案。各种飞动回旋、卷曲回转的云气，与茱萸、蔓草等植物纹相结合，形成汉式图案的特点。魏晋时期除鸟兽花草外，还扩展至人物、发愿文字、山川地理、星辰天象等题材。典型的汉式刺绣有信期绣、长寿绣、乘云绣、茱萸绣、梅花绣、棋纹绣、铺绒绣等。花纹单位趋细小，色彩丰富。汉代王充《论衡》记有"齐郡世刺绣，恒女无不能"，足以说明当时刺绣技艺和生产的普及。因为刺绣工艺的成熟，汉代已经在无形中开始区分使用刺绣人群的等级和种类，刺绣虽然是在劳动中由劳动人民创作产生，但是绝大部分劳动人民享用不起高档丝织刺绣品，只能在生活中用简单的刺绣工艺来点缀服饰鞋帽等实用品。

最具代表性的是湖南长沙马王堆汉墓出土的刺绣残片，它们虽已在地下埋藏了几千年，但出土时仍然精美绝伦，配色、针工都运用得恰到好处，让我们这些现代的绣工们都汗颜。汉代的刺绣工艺在山东一带也很发达，并早已成为民间妇女的普遍劳动。而四川成都的蜀绣在汉代也很精美。由此可见，刺绣工艺在汉代就已很普及。

4. 唐代刺绣

唐代刺绣应用很广，针法也有新的发展。刺绣一般用作服饰用品的装饰，做工精巧，色彩华美，在唐代的文献和诗文中都有所反映。如李白诗"翡翠黄金缕，绣成歌舞衣"、白居易诗"红楼富家女，金缕刺罗襦"等，都是对于刺绣的咏颂。此外，唐代的刺绣除了作为服饰用品外，还用于绣作佛经和佛像，为宗教服务。唐五代佛经和佛像绣作十分盛行，武则天时曾令绣佛像四百余幅，赠与寺院及邻国。

唐代刺绣的针法，除了运用战国以来传统的辫绣外，还采用了平绣、打点绣、纭裥绣等多种针法。纭裥绣又称退晕绣，即现代所称的戗针绣。它可以表现出具有深浅变化的不同色阶，使描写的对象色彩富丽堂皇，具有浓厚的装饰效果。刺绣装饰题材主要是以花草禽鸟搭配而成的图案。常见图案有连珠纹、宝相花纹、晕繝纹等。融合了壮丽与秀美、本民族与外民族的图案风格。

　　唐代刺绣是技术运用和艺术表现综合融会的起始时期。以生活用品和观赏性艺术品两条线发展。在服饰上，刺绣与彩绘、金银线绣、珠绣、印染等相结合，华美无比。而佛像或书画刺绣善用分层退晕戗针方法设色，表现出深浅不同的色阶变化，具有浓烈而富丽堂皇的装饰效果。

5. 宋代刺绣

　　宋代是手工刺绣发达臻至高峰的时期，特别是在开创纯审美的画绣方面，更堪称绝后。绣画受院体画影响，山水、楼阁、花鸟、人物等绣画构图简练，形象生动，设色精妙。绣画及绣法书流行，花鸟绣画达成熟期。

　　宋代设立文绣院，绣工约三百人。徽宗皇帝又设绣画专科，纯欣赏性刺绣以仿绣书画为长，多以名人作品入绣，追求绘画趣致和境界。绣画成为独立的艺术创作，仅"平针绣"就创出许多新针法。南宋时苏杭、成都设立锦院。官营刺绣中心移向南方。元代在大都也设文绣局。元蒙贵族喜用金线刺绣，故此期金线绣得以大发展。

　　朝廷的提倡，使原有的手工刺绣工艺有显著提高，具体表现在以下几个方面：①"平针绣"法富有变化，钻研发明出许多新针法；②改良工具和材料，使用精制钢针和发细丝线；③结合书画艺术，以名人作品为题材，追求绘画趣致和境界。为使作品达到书画之传神意境，绣前需先有计划，绣时需度其形势，乃趋于精巧。构图必须简单化，纹样的取舍留白非常重要，与唐代无论有无图案之满地施绣截然不同，明代董其昌《筠清轩秘录》载："宋人之绣，针线细密，用绒止一二丝，用针如发细者，为之设色精妙光彩射目。山水分远近之趣，楼阁待深邃之体，人物具瞻眺生动之情，花鸟极绰约谗唼之态。佳者较画更胜，望之三趣悉备，十指春风，盖至此乎。"此段描述，大致说明了宋绣之特色。

6. 元代刺绣

　　元代刺绣的观赏性制作虽远不及宋代，但也继承了宋代写实的绣理风格。入主中原的元人，在全国各地广设绣局和罗局，刺绣的审美和功用，越趋于美术化。佛教题材的出现，始自隋唐，主要图案是宝相花。宋绣独尚名人书画，偶有佛像绣品。元世祖忽必烈为了否定儒家的首一地位，重推出藏传佛教，中原拜佛信教之风复兴。

　　元代统治者信奉喇嘛教，刺绣除了作一般的服饰点缀外，更多的则带有浓厚的宗教色彩，被用于制作佛像、经卷、幡幢、僧帽，以西藏布达拉宫保存的元代《刺绣密集金刚像》为其代表，具有强烈的装饰风格。山东元代李裕庵墓出土的刺绣，除各种针法外，还发现了贴绫的做法。它是在一条裙带上绣出梅花，花瓣是采用加贴绸料并加以缀绣的做法，富有立体感。然而，各地绣局仍沿着宋人路子，刺绣名人书画或花卉写生，且工不如宋人。《清秘藏》中则道："元人用线稍粗，落针不密，间用墨描眉目，不复宋人精工矣！"可见，元代的刺绣工艺较之宋代无多大进步。

7. 明代刺绣

　　明代是中国手工艺极度发达的时代，承继宋代优良基础的刺绣，顺应时代热烈风气，继续蓬勃昌盛，而且更上层楼。明代刺绣工艺在传承和发展的基础上也有自己的独特之处，具体表现在以下三个方面：

　　一是用途方面，广用流行社会各阶层，制作无所不有，与后来的清代，成为中国历史上刺绣流行风气最盛的时期。

二是绣艺方面，一般实用绣作，品质普遍提高，材料改进精良，技巧娴熟洗练，而且趋向迥异宋代的繁缛华丽的风尚；艺术绣作，承袭宋绣优秀传统下，能够推陈出新。值得一提的是明代已经出现以刺绣专业的鸣世家族，还出现了有名的"顾绣"和"绣画"作品，这些作品风靡至清不歇，这些刺绣家的纷然崛起是受社会推崇刺绣的风气所致，这股热潮以明末清初最盛。

三是衍生其他绣类方面，刺绣原本仅以丝线为材料，明代开始有人尝试利用别的素材，于是有透绣、发绣、纸绣、贴绒绣、戳纱绣、平金绣等出现，大大扩张了刺绣艺术的范畴。

明代刺绣以洒线绣最为新颖突出。洒线绣用双股捻线计数，按方孔纱的纱孔绣制，以几何纹为主，或配以铺绒主花。洒线绣是纳线的前身，属北方绣种，以定陵出土明孝靖皇后洒线绣蹙金龙百子戏女夹衣为例，它用三股线、绒线、捻线、包梗线、孔雀羽线、花夹线6种线，12种针法制成，是明代刺绣的精品。属北方绣系的还有山东鲁绣、衣线绣和辑线绣。

8. 清代刺绣

清代初、中时期，国家繁荣，百姓生活安定，刺绣工艺得到了进一步的发展和提高，所绣物象变化较大，有很高的写实性和装饰效果。清代刺绣用色和谐，喜用金针及垫绣技法，使得这些绣品纹饰造型生动、形象传神，体现了清代刺绣所具有的丰富内涵和艺术价值。清代刺绣，另有两点突出成就值得一提。一是地方性绣派的兴起，著名的有"四大名绣"苏绣、粤绣、蜀绣、湘绣，还有京绣、鲁绣等，各有特色，形成争奇斗艳的局面；二是晚清吸收日本绘画长处，甚至融合西洋绘画观点入绣，江苏苏州沈寿首创的《仿真绣》，为传统刺绣注入了新的生命力。

9. 民国刺绣

民国刺绣，存世的刺绣作品极少。晚清政府腐败给百姓带来生活的困苦，新政府也无能为力，艺人们便只能在颠沛流离中先解决生存问题，根本无暇顾及业余生活和艺术创作的追求。因此，民国刺绣的发展几乎停顿，流传至今所见绣品基本与日常生活息息相关，从艺术和观赏角度出发的刺绣艺术精品非常罕见，而作为刺绣收藏的作品更是难得。

10. 解放后刺绣

解放后，人民生活刚刚稳定，解决温饱是首要问题，对精神文化的需求还不是很迫切，但是随着社会的发展解决了温饱地区的人民开始追求精神文化，文化艺术创作变成了他们业余生活的主要目标，大量的优秀刺绣作品应运而生，刺绣针法在运用与实践上也得到大幅度的提高。

虽然，解放初期的手工刺绣工艺达到一个新的历史高点，但是，由于国家局势与各种条件的限制，所有绣品的题材选择基本带有鲜明的时代特色，作品题材局限于描写国家的建设、政治人物或者突出解放初期人民群众政治生活与政治精神面貌的作品。1966～1976年，刺绣又遭遇了"文革"，全国的经济建设停止，刺绣行业也无例外地停止了，期间有少量作品问世，也大都和政治有关。解放初期至"文革"结束，为刺绣的又一个历史时期。这些少量存世的绣品，虽然题材单一但技艺却很优秀。随着时间的迁移，这些作品会成为刺绣收藏的一个热点，而受到收藏爱好者更多的关注和青睐。

11. 十字绣

最早的十字绣是用从蚕茧中抽出的蚕丝线在动物毛皮的织物上刺绣，后来被人们用来装饰衣物和家具。十字绣以其绣法简单，外观高贵华丽、精致典雅，很快在欧洲宫廷中风行，成为皇室贵族休闲娱乐的首选，后来逐渐传入民间。广泛流行于欧洲、美国以及亚洲等国家和地区。经过几百年的发展，十字绣的基本材料是纯棉的绣线、特殊工艺制作的网格面料及设计图稿，各种颜色的刺绣线都被人们编上了号码，每幅图案都被设计师作了特殊处理，每张设计图稿都是按照线号来制作的，即使是很复杂的图案，只要按照设计图稿的位置选用适当的线进行刺绣就可以完成。由于它是一项易学易懂的手工艺，更是艺术的创新，因此流行非常广泛，受到不同年龄人们的喜爱。

12. 四大名绣

四大名绣，指的是我国刺绣中的苏绣、湘绣、粤绣、蜀绣。刺绣，古称针绣，是用绣针引彩线，按设计的花纹在纺织品上刺绣运针，以绣迹构成花纹图案的一种工艺。四大名绣之称形成于十九世纪中叶，它的产生除了本身的艺术特点外，另一个重要原因就是绣品的商业化。由于市场需求和刺绣产地的不同，刺绣工艺品作为一种商品开始形成了各自的地方特色。而其中苏、蜀、粤、湘四个地方的刺绣产品销路尤广，影响尤大，故有"四大名绣"之称。

刺绣作为一个地域广泛的手工艺品，各个国家、各个民族通过长期的积累和发展，都有其自身的特长和优势。除了四大名绣，在我国还有京绣、鲁绣、汴绣、瓯绣、杭绣、汉绣、闽绣等地方名绣，而我国的少数民族如维吾尔、彝、傣、布依、哈萨克、瑶、苗、土家、景颇、侗、白、壮、蒙古、藏等也都有自己特色的民族刺绣。

三、中国刺绣流派

1. 苏绣

苏绣已有两千六百多年历史，在宋代已具相当规模，在苏州就出现有绣衣坊、绣花弄、滚绣坊、绣线巷等生产集中的坊巷。明代苏绣已逐步形成自己独特的风格，影响较广。清代为盛期，当时的皇室绣品，多出自苏绣艺人之手；民间刺绣更是丰富多彩。清末时沈寿首创"仿真绣"，饮誉中外，她曾先后在苏州、北京、天津、南通等地收徒传艺，培养了一代新人。代表作有：《万年青图》《仕女图》《三马图》等。20世纪30年代，丹阳正则女子职业学校绘绣科主任杨守玉，始创乱针绣，丰富了苏绣针法。苏州刺绣，素以精细、雅洁著称。图案秀丽，色泽文静，针法灵活，绣工细致，形象传神。技巧特点可以"平、光、齐、匀、和、顺、细、密"八个字概括。针法有几十种，常用的有齐针、抢针、套针、网绣、纱绣等。绣品分两大类：一类是实用品，有被面、枕套、绣衣、戏衣、台毯、靠垫等；一类是欣赏品，有台屏、挂轴、屏风等。取材广泛，有花卉、动物、人物、山水、书法等。双面绣《金鱼》《小猫》是苏绣的代表作。苏绣先后有80多次作为馈赠国家元首级礼品，在近百个国家和地区展出，有100多人次赴国外作刺绣表演。在1982年荣获全国工艺美术品百花奖金杯奖，双面绣《金鱼》在1984年第56届"波兹南国际博览会"上获金质奖。

此外，苏州发绣也是一件艺术瑰宝。发绣是中国传统工艺中一颗古老而耀眼的明珠，据史料记载，在唐代就已开始流传，与丝绣相比，它有着清秀淡雅、线条明快、清隽劲拔、耐磨耐蚀、永不褪色、富有弹性、利于收藏等特点。近年来，发绣在收藏界的价格不断攀升。2012年，苏州发绣技艺申报苏州市"非遗"成功。

2. 湘绣

以湖南长沙为中心的刺绣品的总称。是在湖南民间刺绣的基础上，吸取了苏绣和湘绣、粤绣的优点而发展起来的。清代嘉庆年间，长沙县就有很多妇女从事刺绣，光绪二十四年（1898），优秀绣工胡莲仙的儿子吴汉臣，在长沙开设第一家自绣自销的"吴彩霞绣坊"，作品精良，流传各地，湘绣从而闻名全国。清光绪年间，宁乡杨世焯倡导湖南民间刺绣，长期深入绣坊，绘制绣稿，还创造了多种针法，提高了湘绣艺术水平。早期湘绣以绣制日用装饰品为主，以后逐渐增加绘画性题材的作品。湘绣的特点是用丝绒线（无拈绒线）绣花，劈丝细致，绣件绒面花型具有真实感。常以中国画为蓝本，色彩丰富鲜艳，十分强调颜色的阴阳浓淡，形态生动逼真，风格豪放，曾有"绣花能生香，绣鸟能听声，绣虎能奔跑，绣人能传神"的美誉。湘绣以特殊的鬅毛针绣出的狮、虎等动物，毛丝有力、威武雄健。1982年，在全国工艺美术品百花奖评比中，湘绣荣获金杯奖。

3. 粤绣

粤绣亦称"广绣"，泛指广东近2、3个世纪的刺绣品。粤绣历史悠久，相传最初创始于少数民族，与黎族所制织锦同出一源。清初屈大均《广东新语》、朱启钤《存素堂丝绣录》都描述：远在明代，粤绣就用孔雀羽编线为绣，使绣品金翠夺目，又用马尾毛缠绒作勒线，使粤绣勾勒技法有更好表现；"铺针细于毫芒，下笔不忘规矩，……轮廓花纹，自然工整"。至清代粤绣得到了更大发展。国内收藏以故宫藏为最多而有代表性。构图繁而不乱，色彩富丽夺目，针步均匀，针法多变，纹理分明，善留水路。粤绣品类繁多，欣赏品主要有条幅、挂屏、台屏等；实用品有被面、枕套、床楣、披巾、头巾、台帷和绣服等。一般多作写生花鸟，富于装饰味，常以凤凰、牡丹、松鹤、猿、鹿以及鸡、鹅等为题材，混合组成画面。妇女衣袖、裙面，则多作满地折枝花，铺绒极薄，平贴绸面。配色选用反差强烈的色线，常用红绿相间，炫耀人眼，宜于渲染欢乐热闹气氛。18世纪纳丝绣，则底层多用羊皮金（广东称"皮金绣"）作衬，金光闪烁，格外精美。1982年粤绣以《晨曦》、《百鸟朝凤》等作品，荣获全国工艺美术品百花奖金杯奖。

4. 蜀绣

蜀绣又名"川绣"，是以四川成都为中心的刺绣品的总称。其历史悠久。据晋代常璩《华阳国志》载，当时蜀中刺绣已很闻名，同蜀锦齐名，都被誉为蜀中之宝。清代道光时期，蜀绣已形成专业生产，成都市内发展有很多绣花铺，既绣又卖。蜀绣以软缎和彩丝为主要原料。题材内容有山水、人物、花鸟、虫鱼等。针法经初步整理，有套针、晕针、斜滚针、旋流针、参针、棚参针、编织针等100多种。品种有被面、枕套、绣衣、鞋面等日用品和台屏、挂屏等欣赏品。以绣制龙凤软缎被面和传统产品《芙蓉鲤鱼》最为著名。蜀绣的特点：形象生动，色彩鲜艳，富有立体感，短针细密，针脚平齐，片线光亮，变化丰富，具有浓厚的地方特色。1982年，蜀绣荣获全国工艺美术品百花奖银杯奖。

5. 汴绣

汴绣也称"宋绣"，距今800余年的北宋时期，刺绣已发展到很高的水平，《东京梦华录》记载：开封作为北宋都城，其皇宫有"文绣院"聚集全国杰出绣女300余人，专为皇帝王妃、达官贵人绣制官服及装饰品，因而也被誉为"宫廷绣"或"官绣"。在民间，刺绣则更为普遍，当时开封大相国寺东门外有一条街叫"绣巷"，既是绣姑绣作了聚居的地方，又是专卖刺绣品的著名市场，放眼寺院内外，十里都城，到处是珠帘绣额，巧制新装，名绣佳作，竞相生辉，明代大学者屠隆在他所著的《画笺》一书中赞曰："宋之闺绣画，山水人物，楼台花鸟，针线细密，不露边缝，其用绒一二丝，用针如发细者为之，故眉目毕具，绒彩夺目，而丰神宛然，设色开染，较画更佳，女红之巧，十指春风，回不可及。"

汴绣以绣制中国名画、古画著称于世，绣品古朴、典型、细腻。目前，以绣制北宋画家张择端的《清明上河图》为代表作，还绣有：五代顾闳中的《韩熙载夜宴图》，唐代韩滉的《五牛图》、周昉的《簪花仕女图》、张萱的《虢国夫人游春图》、卢楞枷的《六尊者》、阎立本的《步辇图》，宋代武宗元的《八十七神仙卷》，清代意大利画家郎世宁的《百骏图》等，以及近代名家大作在传统色调、针法基础上，创新整理出基本针法36种之多，如枪针绣瓦、滚针，蒙针绣山水树木，双合针绣绳索；悠针绣动物，以及叠彩绣、席蔑绣、纳点绣、乱针绣等应物象形的针法，是与刺绣艺术的结合，是在绘画艺术基础上的再创作。工艺品种有：单面绣，双面绣、双面异色绣、双面三异绣。

6. 陇绣

庆阳刺绣也就是陇绣，可以说散布在庆阳人民生活的各个角落。炎炎夏日，在山乡的路旁、河边，你会看到一群群顽皮戏耍的孩童，他们光着屁股，不穿衣裳，胸前挂着一个花裹肚。那红红的裹肚上，巧针细线地绣着各种各样的花鸟虫鱼，阳光下，红如火，艳似锦。茶余饭后，劳动休息或是聊天闲谈的时候，你会看到那些三五成群的老人们烟杆上都吊着一个绣花烟袋。如果遇到谁家孩子过"满月"，那刺绣品就更多了。亲戚朋友，左邻右舍向孩子贺喜，都要拿自己刺绣的东西做礼品，有虎气生生的虎头鞋，有红花绿叶的荷花帽，有描龙绣凤的花裹肚，还有狮子枕、虎头枕、金鱼枕、龙枕、凤枕等等。这些礼品要摆在喜桌上，让大家观赏、评论。过去重男轻女，只给男孩做满月，现在不同了，男孩女孩都一样，可是男女有别。给男孩的礼品，绣的不是"望子成龙"、"状元进宅"，就是"马上封侯"、"二龙戏珠"，还有石榴、桃、鹿、鸡、鱼之类的动植物，象征多子多福，大福大贵；给女孩绣的则以"丹凤朝阳"、"莲生太子"、"胖娃坐莲"居多，还有荷花、牡丹、凤凰、百鸟等，表示子孙绵延，永保平安。庆阳刺绣是节日民俗文化的典型体现，深入庆阳乡村，你会深深体验到美源于生活，美就是生活。

7. 顾绣

顾绣是上海地区工艺品中的瑰丽奇葩。顾绣因源于明代松江府顾名世家而得名。顾名世曾筑园于今九亩地露香园路，穿池得一石，有赵文敏手篆"露香池"三字，因以名园称其家刺绣，为"顾氏露香园绣"简称"露香园绣"、"顾绣"。它是以名画为蓝本的"画绣"，以技法精湛、形式典雅、艺术性极高而著称于世。据传顾氏的绣法出自皇宫大内，绣品使用的丝线比头发还细，针刺纤细如毫毛，配色精妙。绣制时不但要求形似，而且重视表现原作的神韵，且做工精细、技法多变。仅针法就有施、搂、抢、摘、铺、齐以及套针等数十种，一幅绣品往往要耗时数月才能完成。所绣的山水、人物、花鸟均精细无比、栩栩如生，受到官府和民间的广泛推崇。

服饰手工艺

明代还先后出现了缪氏、韩希孟（顾名世的孙媳）和顾兰玉等"顾绣"名手。清代（公元1644～1911年），顾名世的曾孙女顾兰玉开始设立刺绣作坊，广收门徒，传授"顾秀"技法。清代嘉庆年间（公元1796～1821年）以后，"顾绣"逐渐衰落，几至失传。新中国成立后，这项绝技得到了一定程度的恢复和发展。明代后期，松江府上海县露香园顾绣，为高雅的刺绣艺术，对后世影响很深，清代四大名绣皆得益于顾绣。明代顾绣秘籍主要在于作者的文化艺术涵养、题材高雅、画绣合一、用材精细、针法灵活创新、择日刺绣与锲而不舍的精神等要素。以韩希孟为代表的顾绣传世实物，文化艺术内涵颇深，皆是文物珍品，被各大博物馆所收藏。

顾绣独到的刺绣技法主要体现于：半绣半绘，画绣结合；针法多变，时创新意；间色晕色，补色套色。这种精巧的明绣采用的种种彩线，是宋绣中所未见过的正色之外的中间色线。顾绣为了更形象地表现山水人物、虫鱼花鸟等层次丰富的色彩效果，采用景物色泽的老嫩、深浅、浓淡等各种中间色调进行补色和套色，从而充分地表现原物的天然景色。

四、典型的民间刺绣

（一）山西民间刺绣

民间刺绣，在山西不独历史悠久，而且题材广泛，内容丰富，具有反映山西风土人情的特色。山西民间刺绣，有着自己独特的艺术风格，图案淳朴、色彩艳丽、构图简洁、造型夸张、针法多样、绣工精致。这些来自民间的刺绣艺术品，大都出自农村劳动妇女之手。山西刺绣，以忻州、晋南地区的刺绣工艺品最有影响。

1. 忻州刺绣

忻州民间，刺绣在群众中颇为普遍。代县一带，刺绣品有着严谨、华丽、雅致的特色；五台县境内以及附近城乡，刺绣风格呈现美厚端庄；忻州、定襄、原平等地，刺绣产品风格较为淳朴秀丽。忻州刺绣，大致可以分为民间服饰、生活用品、祭献物品三大类。

民间服饰：传统的民间刺绣主要是作为穿戴的装饰。这些装饰，又多在妇女儿童身上。妇女服装刺绣中，不同部位有着不同的花样。"腕袖"（上衣袖口），通常情况下多饰以含有平安、吉祥、如意的二方连续图案。

生活用品：忻州一带，常见的有枕头花、虎枕头。虎枕头里又有双头虎、人面头虎、虎头鱼尾等，还有蛤蟆枕头。这些枕头缝制精湛，纹饰、造型别致。既是幼儿枕头，又是儿童玩具。每当传统节日时，忻州地界内的许多地方，也为孩子们绣制一些节日用品。

祭献物品：这一类绣制品，常常用于祭扫礼仪的灵堂、殿宇中的供桌裙帏、神龛帷幔等饰有龙凤仙鹤、福禄寿禧、明暗八仙等精工绣物。还有的绣制送葬礼仪用的"棺罩"和亡人的"寿衣"、"寿裤"上的刺绣，用料和绣工都甚为讲究。

2. 晋南刺绣

在山西南部的农村里，人民的日常生活用品和衣帽服装，多以刺绣来装饰，如衣服的领口、袖口，又如被面、枕头等，都有不同纹样的刺绣图案。

晋南民间刺绣，在临汾、运城两个地区的临猗县、万荣县、襄汾县、洪洞县、吉县、临汾市、运城市较为普遍。这些地方的刺绣图案，多以民间喜闻乐见的内容为题材，像孔雀开屏、喜鹊登梅、松鹤延年、二龙戏珠、凤凰牡丹等，是晋南民间刺绣的一般题材。而瓜果蔬菜、飞禽走兽、山川风景、亭台楼阁等，更是生活中百见不厌的刺绣体裁。

晋南的民间刺绣，大都出自普通农家妇女之手，这种传统的刺绣技艺往往是通过家传、互相之间的交流而得以延续的。这里的女孩子，在少年时代就受到家庭的熏陶，开始学着刺绣了。随着年龄的增长，绣花在她们的成长中自然成为一项重要的艺术活动。她们在实践中不断积累了经验和技能，又在长辈的影响下，从模仿进而独立地去创造新的花样，形成了晋南民间刺绣的独特风格。

晋南民间刺绣的作者，很善于运用多种手法表现自己设想的题材。有的写实，有的浪漫，有的夸张，创造出无数既富有装饰趣味又有浓郁的乡土气息的刺绣工艺品。

3. 灵宝民间刺绣

灵宝民间刺绣历经数代人的延绵传续，并不断发展创新，逐渐形成了自己独特的地方风格，概括起来大致有以下几点：

（1）丰富多样，寓意吉祥。灵宝的民间刺绣多属生活实用型。凡日常生活用品和衣帽服装（以妇女、儿童为主），都以刺绣加以装饰，如衣服的袖口、衣领、裙边等。这类物品，都被各种不同寓意的吉祥纹样所装饰，表现出妇女们对亲人的祝福和对美好生活的向往。灵宝民间刺绣的图案纹样，一般多采用喜庆、吉利的象征。或是通过字音相同的"谐音"，表达对生活的美好祝愿。它融合了群众的欣赏习惯，渗透着豫西地区的民间风情。

（2）传播爱情，表现母爱。灵宝又是戏曲艺术之乡，各种民间戏曲如"道情"、"河南梆子"，还有"皮影戏"等，深受当地群众所喜爱。因此，民间戏曲、皮影艺术中故事情节，服装、色彩和人物造型，都被直接或间接地移植到民间绣品中。最突出的内容是爱情故事，如"拾玉镯"、"柜中缘"、"梁山伯与祝英台"等，均被姑娘们精心绣制在荷包、枕头顶、门帘、帐沿、被面、床沿上。绣出的男女人物，形象朴实纯真，色彩艳丽明快，寄托着姑娘们对爱情生活、美满婚姻的快乐心情。妇女们给子女们绣制的童帽、肚兜、布老虎、香布袋等，更是倾注了全部的母爱。

（3）与民俗文化息息相关，密不可分。在灵宝县，根据不同的节令和时尚，妇女们根据婚姻爱情和子女健康这两件大事，绣制出具有不同内涵、不同内容的绣品和玩具。姑娘出嫁是大喜临门，因此必须是"蓝缎鞋、绣红花，过了门就当家"。新郎、新娘的新房必须要布置得红火、喜庆。又是什么样儿呢？"鸳鸯枕、龙凤帐，红绸子门帘绣凤凰"。新娘子的嫁衣更是一件精美的艺术品，有民谣为证：王小姣做新娘，赶绣嫁衣忙又忙；一更绣完前大襟，牡丹富贵开胸膛；二更绣完衣四角，彩云朵朵飘四方；三更绣完罗衫边，喜鹊登梅送吉祥；四更绣完并蒂莲，夫妻恩爱喜洋洋；五更绣完龙戏凤，比翼双飞是鸳鸯。姑娘绣制为情郎，母亲绣制为儿郎。

（4）完整地保留、继承了刺绣的传统技法。灵宝民间刺绣代表性的针法是"拉锁子"、"辫子绣"和"打子绣"。除此以外，经常使用的针法还有"包针绣"、"纳纱绣"、"平针"、"盘金"、"补绣"等传统技法。其中特别引人注目的是"绷花"和"补绣"技法。绷花，是以针引单线，廖廖数针作放射状，绣出生动的花朵，虽属辅助技法，但却在绣品中起着画龙点睛的作用。这种针法，一般多用在布制玩具上，如在威严的虎的额头上和两肋处各绷一朵小花，使凶猛的狮虎露出几分憨态，形象十分逗人喜爱。"补绣"，在绣品中运用更为广泛。其特点是能使绣出的物品，产生一种浮雕的效果。绣制时，在纹样的边沿均匀地留出一条细线，白色的轮廓衬托在色彩缤纷的图底上显得十分别致。

（二）青海民间刺绣

青海刺绣的历史，可以追溯到远古。随着丝绸之路南路的开通，唐代文成公主、金城公主先后进藏路过青海和弘化公主嫁给青海吐谷浑王，中原丝绸源源涌入，人们开始用刺绣装饰自己、美化生活、传递友谊、寄托感情，使得这种民间艺术成为人们生活中不可缺少的组成部分，世代相传，不断发展。

青海刺绣应用十分广泛，其品种丰富，花样繁多，综观各种绣品，大体上可分为四种类型：一是实用类，主要有鞋、袜子、腰带、辫筒、枕头，这是刺绣的实体；二是观赏类，主要有钱褡、衣领、衣袖、荷包、口袋片等；三是礼仪类，主要有钱包、笔包、裤带、寿帐、挽联、字画等；四是宗教用品类，用刺绣塑造佛像和装饰寺庙殿堂。这只是从大的方面区分，实际上许多东西既是实用品，又是礼仪观赏品，很难进行严格区分。

民族性是青海民间刺绣的显著特点。青海刺绣在漫长的发展过程中，形成了各民族自己的独特风格。一个民族由于语言、宗教信仰、节庆礼仪、文化娱乐、生活习俗的内容和形式以及习惯爱好的一致性，在民间艺术，特别是与人们息息相关的刺绣中必然反映出其特有的精神和意识。

青海汉族刺绣博采众长，既受中原刺绣影响，又借鉴少数民族构图色彩，还吸收宫廷刺绣的技艺，从构图、题材、色彩、绣法诸方面刻意追求，全面发展，绣品朴实中见华丽。

地域环境对刺绣的形成和发展起着很大的作用。中国著名的刺绣有苏绣、湘绣、蜀绣、粤绣、京绣、顾绣、苗绣等，都在特殊的地理环境中诞生，并形成独特的绣种。

青海民间刺绣虽不能与其他地区的专业绣种完全相类比，但由于高原文化与中原文化的结合，形成异曲同工之美。青海刺绣最大的特点是原始古朴、件件绣品似乎都体现着远古的印记。由于地域辽阔，在刺绣上就反映出了地区差异。草原牧民的刺绣以夸张的造型、庄重的色彩、泼辣的笔触、强烈的对比、简练的构图、粗犷的线条，展现出豪放的草原气质。青海东部从事农业的各民族，不但刺绣种类繁多，应用广泛，而且讲究构图饱满、形象生动、浑厚朴实、色彩纯真、手法多样，并以做工精细而著称。

藏族、蒙古族、土族，由于信仰藏传佛教，他们的刺绣多反映吉祥八宝、狮象瑞云等宗教内容，而且相当一部分刺绣直接为宗教服务。

（三）濮阳刺绣

刺绣系濮阳民间传统工艺，濮阳刺绣所用针法均系宋绣传统技法。濮阳民间刺绣普遍，尤其黄河故道两岸，有少女不谙剪纸、刺绣者便以愚昧观。刺绣品举目可视，如幼儿鞋帽、肚兜、护罩等，其中以孙择疆生产的戏剧服装工艺考究，设计华美，刺绣精良，在豫北地区享有盛誉。

（四）陕西民间刺绣

陕西民间刺绣广泛流行于农村。内容有翎毛花卉、动物和人物等。风格淳朴，色彩鲜丽，用线较粗，针法奔放，具有鲜明的地方特色。陕西民间刺绣和农村婚嫁与节日等乡俗紧密相连，所以这些绣品随着传统的习俗世代流传，迄今不衰。常见的品种有枕顶、耳枕、袜底、鞋垫、鞋头、信插、钱包、针包、裹肚、荷包和香包等。

陕西民间的刺绣在漫长的小农经济时期，是农村妇女的必修艺能，在其数千年的发展历程中多以母女相传而延续，因而也被誉为"母亲的艺术"。它以其独有的奇异想象，充实饱满的构图，表达了人们对现实生活中真、善、美的追求，这也构成了陕西民间刺绣造型特色的基本格调。归纳起来有以下几个特征：鲜明的地域特色，独特的艺术风格，丰富多样的种类，广泛的题材和美好的寓意。

这些被誉为"母亲的艺术"的乡俗刺绣越来越受到人们的喜爱，因为其淳朴精美、寓意美好并带着"原生态"的味道，所以更显弥足珍贵。讨论研究陕西民间刺绣就是要继承和发扬祖先留给我们的这些珍贵的"非物质文化"遗产，并通过发掘整理、宣传交流、培养创新，使她更进一步丰富群众的文化生活，更好地为经济建设服务。

五、少数民族刺绣

1. 锡伯族刺绣

锡伯族民间刺绣历史悠久、内涵丰富，锡伯族妇女更是心灵手巧、善于捕捉生活中的美好景致。在祖国西部生活的200多年中，锡伯族妇女的刺绣作品，赢得了各族群众的赞赏和认同。

无处不在的刺绣是锡伯族人民普及广泛的传统手工技术，锡伯族人民在长期的实践中，将大自然赋予他们的美好事物，用灵巧的双手绣到自己的作品里。刺绣的图案有人物、山河、树木、花卉、飞禽走兽等。其中，蝴蝶和菊花已成为锡伯族的吉祥物，象征着自由、宁静、和平、美丽，也给予锡伯族人一种精神力量，激励着他们在艰苦的环境中繁衍生息。锡伯族妇女刺绣的作品出现在生活中的各个角落，服装、头巾、枕套、鞋子、窗帘等，也包括桌布、挂饰和香包等一些小物品。

2. 藏族刺绣

藏族刺绣吸收唐卡的构图手法，又学习汉族刺绣的技艺，绣品讲究观赏价值，追求浅浮雕和富丽堂皇的艺术效果。藏族刺绣装饰性极强，许多图案巧妙地组合成互相缠绕、互相纽套的和谐布局，反映出团结友爱、互不分离的民族性格。

3. 土族刺绣

土族刺绣做工精细，针针见功底，线线出效果。绣品讲究整体关系，以盘绣为主体，以密集的绣法为基调，以大面积繁绣为特色，件件绣品舒展大气，光彩夺目，由于精工耗时，绣品经久耐用。土族刺绣应用十分广泛，民间刺绣非常活跃，时至今日，土族妇女从头到脚 用刺绣装扮，看上去花枝招展。

4. 回族、撒拉族刺绣

回族、撒拉族刺绣则讲究高雅、秀丽，针法精巧飘逸，绣品精美淡雅，并受伊斯兰教的影响，很少用动物图案，多以植物花卉为主。撒拉族刺绣艺术是民族文化百花园中的一朵奇葩，一般是以花鸟鱼蝶等图案为主，构图朴实、细腻生动，色彩鲜艳、明亮，做工精细而著称；撒拉族刺绣具有针法细腻、工艺精湛、立体感强等特点，所绣花鸟鱼蝶形象栩栩如生，其刺绣工艺能与苏绣、湘绣相媲美。撒拉族刺绣有民间刺绣与现代刺绣两种。

5. 水族刺绣

贵州水族马尾绣，是最古老的刺绣艺术之一。在漫漫的历史长河中，心灵手巧的水族妇女创造了色彩斑斓的民族民间工艺，闻名遐迩的水族马尾绣独树一帜，被誉为中国刺绣的活化石，堪称世界一绝，是研究水族民俗、民风、图腾崇拜及民族文化珍贵的艺术资料。2006年马尾绣入选了首批国家级"非物质文化"遗产名录，为保护这一古老的原始艺术带来了更好的机遇。

6. 苗族刺绣

苗族刺绣具有传承历史文化的作用，主要表现在刺绣的图案上。几乎每一个刺绣图案纹样都有一个来历或传说，都深含民族的文化，都是民族情感的表达，是苗族历史与生活的展示。蝴蝶、龙、飞鸟、鱼、圆点花、浮萍花等图案都是《苗族古歌》传唱的内容，色彩鲜艳，构图明朗，朴实大方。苗族刺绣特色是借助色彩的运用、图案的搭配，达到视觉上的多维空间。挑花也称数纱绣，是苗族特有的技艺，不事先取样，利用布的经纬线挑绣，反挑正取，形成各种几何纹样。挑花就是借助色彩和不规则几何纹样的搭配，形成多视角的图案，从而达到"横看成岭侧成峰"的立体与平面统一的视觉效果。

台江苗族刺绣是苗族人民以勤劳和智慧创造的一门艺术，堪称"无字史书"，其蕴含的文化内涵可折射出苗族的历史和变迁过程，具有极高的文化品位。由于受到不同的社会历史、自然地理、宗教信仰和风俗习惯等诸多因素的影响，人们的审美观念和审美情趣各异，因而制作的刺绣造型风格也各异。

总之，民间刺绣是无数手工艺人智慧的结晶，包含着他们美好的愿望，充满了炽热的生命力和美好的情感。技艺高超的绣女手中的针线，犹如画家手中的笔墨丹青，可以绣出璀璨精美的图画，并能表达绣女的个性，显示出不同时代的文化风貌和艺术成就。早期刺绣重在实用，直到纺织品出现之后，刺绣艺术才得到长足的发展，民间刺绣也就更加活跃起来。为了适应刺绣艺术发展的需要，各种刺绣针法应运而生，伴随着绣女的孜孜不倦和执着追求，刺绣针法被不断完善丰富，形成了刺绣艺术品类万千、百花争艳的崭新局面。

练习题

1. 简述刺绣手工艺发展史。
2. 简述中国四大名绣。
3. 简述中国民间刺绣工艺。
4. 调研：寻找故乡及周边地区的刺绣工艺发展状况。

第三节 民间服饰手工艺品图鉴

一、首服、云肩、暖耳、眉勒手工艺品

首服，是用于头部的服饰部件，表现形式有冠、帽、头巾、眉勒等。中国古代冠帽始于先秦时期的头衣，即头上用品和饰物的总称。《后汉书·舆服志》记载："上古之人居而野处……观鸟兽有冠、角及种种胡须，就仿效之作冠冕发髻流苏，从而有了各种发饰。冠冕、巾帕。"随着社会的发展，冠帽从最初的束发、御寒，演变为地位、身份的象征，甚至演变为一种文化精神。《礼记·冠义》中载："冠者，礼之始也。是故，古者圣王重冠。"说明冠帽是礼仪的重要象征，戴冠帽确实出于礼仪需要。我国素有"礼仪之邦"的美誉，古人更视戴冠为神圣。（如图1–1所示）

图1-1 惠安女头饰——闽南妇女流行

图1-2 装饰童帽

图1-3 儿童风帽

服饰手工艺

图1-4　刺绣童帽

图1-5　五毒帽

　　童帽是首服中最富有情趣文化的一个部分。虎头帽是最常见的形式，是民间模仿动物形态而创造服饰品的习俗延续，是以联想的情感——如老虎的形象威猛为民间寄托给后代的言情物为纽带，通过一定的艺术夸张希望孩童活泼、健康地成长，同时表达对孩童未来前途的一种祈盼，充分表现出汉民族护生的民俗心里特征。民间还有一种以民间宗教内涵为祈佑工具的表现，在小帽上缀上很多小的金属佛像，戴此帽就如同诸神在保护孩子，寓意非常直白。（如图1-2～图1-5所示）

　　云肩，又称为披肩或披领，妇女在肩上的服饰部件。它是我国古代尤其是明代以后妇女的重要服饰品和装饰品。其从最初简单的披肩形式发展到明清时期造型各异、风格独特的各色云肩，形成了女性服饰中鲜明的装饰艺术特色，成为中国汉民族各阶层女性服饰的重要标志性符号，在我国汉族民间服饰历史上有着显著的地位和艺术价值。云肩的装饰形式主要是刺绣工艺，缘饰绲边。刺绣以平绣为主，也有打籽绣、盘金绣、锁绣。题材多为或表现美好生活的花卉，或美好的生活场景，或对戏曲故事的描述。整体效果华丽繁复、精美绝伦。（如图1-6～图1-8所示）

图1-6　民间刺绣云肩

图1-7　民间刺绣云肩

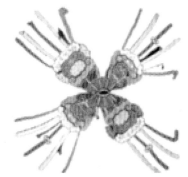

图1-8　民间刺绣云肩

　　暖耳，也称耳罩、耳套、耳包，为冬天御寒、保护耳朵所用。唐代称"耳衣"，明代称"暖耳"。《明史·舆服志》载，明万历前，百官于十一月皆戴暖耳，后流行于民间。北方地区常见，多为女子使用，外层绣有花卉图案，内层为一耳形窄边。（如图1-9所示）

图1-9　刺绣暖耳

眉勒，是古代妇女重要的服饰品之一，也是主要的装饰部件。随着历史朝代的变更，眉勒的形制及名称也随之发展变化。从广东佛山澜石东汉墓出土的歌女舞俑其额上围有一条窄边帛巾，到唐代民间男女喜庆时多以红色布帛围勒于额，都可以证明眉勒古已有之。元代永乐宫纯阳殿壁画上所绘的妇女额间扎着布帛，防鬓发松散和发髻垂落，这样整洁美观的造型受到士庶妇女的喜爱。《扬州画舫录》："春秋多短衣，如翡翠织绒之属。冬多貂覆额，苏州勒子之属。"事实上，今天江南水乡妇女仍在沿用的"撑包"，其在形制上与古制"抹额"几乎一致，是由两片状如半月的银色帽片连接而成。"撑包"都是黑色，有单有夹，平时用棉质，新娘用丝绸，布料中间可完整可拼接，在民间眉勒比较简洁。从眉勒的质料及装饰工艺可以准确地判断出穿戴着的富贵贫贱状况。如《红楼梦》中描写王熙凤抹额的显赫地位，而普通人家女性所佩戴的无论从质料、装饰工艺都相对比较朴素和简单。（如图1-10、图1-11所示）

图1-10　刺绣装饰眉勒　　　　　　　图1-11　装饰眉勒

二、上衣、肚兜、坎肩、荷包等手工艺品

闽南惠安女青蓝缀做衫，清代闽南民俗服装形制是衣长，胸、腰背宽阔，下沿稍呈弧形外展，袖口偏窄，袖子接长，故名"接袖衫"、"卷袖衫"。接袖的用意十分有趣，为的是让新娘入洞房时提起长袖衣遮掩一脸羞红。过了三日，才在长袖一半处翻卷缝住固定。到了清末接袖衫各部分略为收缩，衣沿弧度加长，臂围宽度加阔并向外弯展，腰围处的中式纽襻减少，两三个连在一起，袖口绕蓝布边。领围上刺绣图案由繁变简至消失，领根下方形色布改为三角形。也有胸、背中线两侧缀做两块方形黑色、深褐色绸布，其四边各镶接一块三色形色布，则称"缀做衫"。（如图1-12所示）

服饰手工艺

图1-12　惠安女装

　　传统绣花大襟袄，形制一般为大襟右衽，宽身大袖，立领圆摆，两侧开衩，衣身面料为爱华绸缎。大襟、领与肩部周围、开衩和下摆等处镶有窄细花边或者纯色绲边，在大襟到两侧开衩处是装饰的重点，拼贴有大如意云纹形，肩部、大襟和沿开衩至下摆一周镶有机织彩条花边。领口和大襟至侧襟处装有四对细襻，钉鎏金铜扣或者布扣。腕袖、领周、大襟侧和下摆装饰有绣花，纹样多为"花开富贵"、"蝶恋花"和"暗八仙"等吉祥题材。（如图1-13所示）

图1-13　传统绣花大襟袄

　　绣花女上衣，是一件"中西合璧"的服装，传统喜庆的红色是汉族人婚礼的主要色彩，整体形制仍然保持了传统袄褂的基本形制，同时综合了中西流行元素：中式"倒大袖"的局部运用了西式元素，精微的盘金绣彰显了这件婚礼服主人的显赫家世。（如图1-14所示）

图1-14　绣花女上衣

传统绣花大袖袄，形制为圆领大襟右衽，宽身大袖。大襟、领与肩周围、开衩和下摆等处有黑色窄边细条镶边，袖口、肩部、大襟和沿开衩至下摆一周拼镶有多条宽窄不等的机织彩条花边，虽不至宫廷所谓"十八镶绲"，却也是镶绲得重重叠叠颇费心思和手工，甚是繁缛。领口和大襟至侧襟处装有四对细襻，钉鎏金铜扣，每一铜扣是不同的兽首形态，耐人寻味。领周、大襟侧和下摆绣花纹样为"蝶恋花"，腕袖上绣花为平绣，纹样为"花开富贵"。整件服饰精致繁复、色调典雅，堪称民间服饰中的艺术精品。（如图1-15所示）

图1-15　传统绣花大袖袄

琵琶襟刺绣坎肩，带有浓郁的满族风格，从"花团锦簇"的刺绣来看，这是富贵女子的坎肩，高洁的梅花、花中君子兰、象征健康的菊花三种各富寓意的花草绣满服饰的领边、襟边、袖笼边，蝴蝶穿梭在花草丛中寓意爱情的美好，在前胸和后背鲜亮地突出着象征传统吉祥"多子、多福、多寿"的"三多"图案是民间最高的理想境界。（如图1-16所示）

五毒衣，就是在黄色布料上用各色丝线绣上蝎子、蛇、蜈蚣、壁虎、蟾蜍五种毒虫图样的坎肩，色彩鲜艳，绣工讲究，十分耐看。民间认为这些毒虫，也是一种药材，常用它"以毒攻毒"。徐州旧俗，农历四月下

图1-16　琵琶襟刺绣坎肩

图1-17　五毒坎肩

旬起，各家开始为儿童制作五毒衣与五毒鞋，端午节儿童穿戴具有驱毒虫象征的服饰。小些的孩子，还要缝制杏黄色肚兜。五毒鞋以绿缎子为鞋面，鞋面头脸处绣一大蛤蟆头，鞋帮处绣上另外四种毒虫形象。端午节这天，儿童起床后一律穿五毒衣，蹬五毒鞋，脖上戴香荷包或五毒葫芦，手上系百索。以为可以避瘟气，驱毒虫，祛灾防病。中午家宴时，饮雄黄酒前，先把酒抹在儿童的鼻孔、耳朵、肚脐、腰眼、手心、脚心等处。抹好后，儿童身穿五毒衣，脚蹬五毒鞋，手持艾枝作驱邪鞭，以菖蒲为斩妖剑，跳跃嬉戏一番。讲究些的，扮作门神或钟馗状向老人和长辈们拜节。晚上睡觉前，将艾鞭与菖蒲剑点燃熏屋，用以驱疫灭虫。手上系的百索，则在逢大雨时剪下扔进水中漂走。此后，逢节日或儿童身体不适，均可将五毒衣、五毒鞋穿上。（如图1-17、图1-18所示）

图1-18　五毒衣

儿童服饰是民间服饰的一个重要门类，儿童服饰有很多讲究，如"穿兽鞋"就是很普遍的民间习俗。"兽鞋"是一种带有兽形图案的鞋，这是汉族育儿的一种风俗习惯，在婴儿出生前就准备好了手工绣制的单鞋和棉鞋，兽形有"虎头鞋"、"豹头鞋"、"龙头鞋"、"狮头鞋"、"牛头鞋"、"猫头鞋"、"狗头鞋"等，这些兽的造型在民间被认为是生命力很强的兽类，小孩儿穿上这种鞋，就像这些兽一样容易养活，同时可消灾，活泼可爱健康成长。兽鞋以虎头最常见，古代流行的"阴阳五行"的观念中，虎是"兽中之王，威震四方"，是勇敢、胆量的象征，更深层次的意义是能长命百岁。（如图1-19所示）

图1-19　兽鞋

百家衣，汉族育儿风俗，流行于全国各地，是婴儿服的一种，由一百个家庭贡献出的布片做成，故名百家衣。古人为使新生儿长命百岁，向邻里乡亲讨取零碎布帛，用来缝制成衣服给婴儿穿，以此来讨得吉利。这种衣服有时也用来指穷人所穿的补缀很多的衣服。百家衣可谓一种典型的民俗服装，儿童百家衣坎肩做工复杂，不同色彩、质料、形状的布片经过精心选择、折叠、缝合，最后做成一件五彩斑斓的衣服。整件衣服色彩鲜明，风格质朴，令人倍觉温馨。长子上小学前，先向百户人家各索讨一块布（或锦缎），拼缝制成。每块直径7厘米，呈八角形，颜色不同，并绣上花、鸟、鱼、虫或人物。百家衣每当婴儿出生后，

图1-20 百家衣

特别是数世单传、孩子的啼哭打破了家庭的沉寂，全家人为之惊喜万分。这时，孩子的奶奶、爷爷就要向左邻右舍报告喜讯，并向百家近亲好友求乞布块。特别是那些姓"刘"、"陈"、"程"谐音"留"、"成"的，在老人们看来，这些谐音都是吉利之语，对于保佑孩子成长有着举足轻重的作用。（如图1-20所示）

蓝紫裤，旧时汉族育儿风俗，流行于河北、河南等地。婴儿出生后，他的祖母为他缝制一条裤子，一条裤筒用蓝布，另一条裤筒用紫布，取"蓝紫"的谐音"拦子"。民间认为，只要有蓝色的布块，妖魔鬼怪就收不走孩子，婴儿穿此裤后才能平安长大成人。

蓝紫裤的另一种说法是，大人对孩子的一种祝福。蓝紫裤是给儿童在"百晬儿"❶或周岁时穿的一种服饰，由孩子的姑姑亲自做。蓝紫裤为开裆式，质地为棉布，夏季用绸料，一条腿是蓝色，一条腿是紫色，取"拦子"的谐音寓意，意思是把孩子拦住，免得被疾病等灾祸夺去性命并能平安成长。对此天津曾有"姑蓝紫，永不死"的俚歌，特别是此裤由姑姑亲手缝制，还有一个特别的意义。旧时，妇女经济不能独立，社会地位低下，如果娘家兄弟子侄人丁兴旺，家大业大，等于有了好的靠山，自己在婆家的地位亦会相应提高，不被轻视。这种社会历史原因便造就了姑姑寄希望于侄儿，为侄儿祈求福寿安康的民俗事象。（如图1-21所示）

图1-21 蓝紫裤（拦子裤）

肚兜，是中国传统服饰中护胸腹的贴身内衣，上面用布带系在脖颈上，下面两边有带子系于腰间。关于肚兜的名称，历代皆有不同。除了肚兜，又有抹胸、抹肚、抹腹、裹肚、兜兜、兜子、诃子、衵服等别名。肚兜的艺术以刺绣为主，也有贴补花纹的。由于肚兜包括缝、绣、剪裁、造型及色彩构成，所以属于民间妇女艺术中的综合表现部分。肚兜的面上常有图案，有印花有绣花，印花流行的多是蓝印花布，图案多为"连生贵子"、"麒麟送子"、"凤穿牡丹"、"连年有余"等吉祥图案。绣花肚兜较为常见，刺绣的主题纹样多是中

❶ 晬 [zuì]：书面语，古代称婴儿满一百天。

国民间传说或一些民俗故事，如刘海戏金蟾、喜鹊登梅、鸳鸯戏水、莲花以及其他花卉草虫，大多是趋吉避凶、吉祥幸福的主题。

肚兜是民间的传统内衣。近代由于社会的演变，西方机织品的引进，城市百姓首先改肚兜为衬衫、背心。但至今，偏僻地带尚有穿肚兜的遗习，仅为幼儿制作，成人已不多见。（如图1-22、图1-23所示）

图1-22 葫芦、民间题材刺绣肚兜

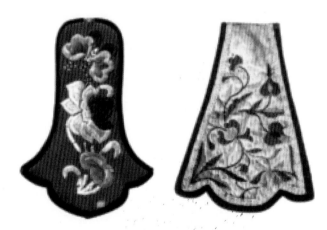

图1-23 莲花、芝草刺绣肚兜

腰袋，即"腰圆荷包"，为"腰子"状，一种有钱袋的绣花带，俗称"满腰转"。男性出门的主要装备，是未婚妻或妻子赠送的富有情谊的物品。两层双面镶边合二为一，下部封闭，上部开口，可装钱和小物件。多用云纹、牡丹、佛手、莲花、宝瓶、蝴蝶等刺绣装饰。（如图1-24所示）

图1-24 莲藕刺绣腰袋

荷包，即荷囊，是古时人们随身佩戴的一种小袋。小小荷包寄托了绵绵无尽的情谊，成为民间女性寄托情爱的物件。从儒家人伦观的角度来看，一件荷包从某种意义上说就是封建社会"三从四德"的载体；从风俗的角度来看，这件荷包又有可能就是寄托情爱的定情物；而从审美的角度来看，荷包则又是一件精美的艺术品。（如图1-25、图1-26所示）

图1-25 多寿刺绣荷包

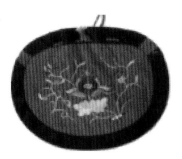

图1-26 荷包

粉扑，是妇女化妆用的工具，一面较柔软，背面则绣上各种精美的花卉图案、吉祥图案、宝物图案等，以示对生活的热爱。（如图1-27所示）

图1-27 粉扑

三、下裳、绣裙、鞋履、枕顶等手工艺品

绣裙，古代妇女礼仪场合常着的裙装。绣裙是绣有彩色花鸟图案的裙子，多用红色绸缎做成。此裙不是常服，为旧时结婚时新娘必穿。一般绣裙为传统马面裙形制，面料为丝绸缎面，"马面"之间镶有若干条黑色沿边或绲边，细长线条和褶皱拉长了裙的视觉高度，视觉上略显修长。现代形式美中的错视原理在我国传统裙装上早有运用。此外，其色彩对比强烈、鲜明，主要图案多为寓意富贵、喜庆的题材。

马面裙，又名"马面褶裙"，前后共有四个裙门，两两重合，侧面打褶，中间裙门重合而成的光面，俗称"马面"。马面裙始于明朝之前，延续至民国，是我国传统裙装中很重要的一种。按照西式裙类的名称，这种式样造型的女裙，称"间隔褶裙"。（如图1-28所示）

图1-28 马面绣裙

凤尾裙，民间俗称裙带，又名"十带裙"，是围系在马面裙外的裙带。用绸缎裁剪成大小规则的条子，每条上绣以花鸟图纹，在两畔镶以金线，拼缀成裙，下配有彩色流苏。裙带的数量在8～12条不等，主要流行于清末和民国时期。整个裙子全是由不同花型绣带组合，下端吊小银铃，每行走一步叮当作响，旧时是为了让女孩子从小学习"移步金莲"的优雅而设计的。民间有两句俗语形容这种装束："十带裙呛啷啷，木底鞋咣哨哨。"旧时富贵家庭的妇女多以此裙作礼服。（如图1-29所示）

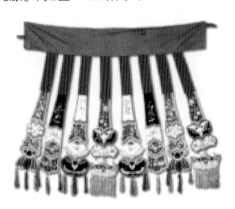

图1-29 凤尾裙

图1-30 印花如意套裤

套裤，又称膝裤、叉裤。无裤腰，无裆，上口尖下裤脚平，实际上是两条裤腿系在腰上，臀部部分被省掉以节约面料，有夹和棉之分，男女都穿。在裤的顶端有可以穿在腰上的系带。（如图1-30所示）

褡裙，是系扎在布衫外面的下装衣裳。《古今图书集成》："褡，属也，衣裳上下相连属也。荆州谓禅衣，曰布属，亦是襜襦，言其襜襜宏俗也。"褡裙的形制是高度齐膝，制作简单，由两大裙片拼合组成，前后开叠叉，以裙带围系于腰间。从表面看裙面颜色已经发白，这是由于传统植物染料的染色牢度不高，加上江南水乡洗衣方式为"打衣裳"，因此靛青色褪色多，内层褪色少。（如图1-31所示）

图1-31 褡裙

穿腰束腰，又称"腰裙"，与褡裙搭配使用，实际上是围系于褡裙外的围腰或围裙，分为两层，常用花布拼接，较多花色沿边。束腰边镶有细绳边，显得精致秀气。（如图1-32所示）

图1-32 穿腰束腰

围裙，形制和制作工艺相对简单，其形制较襦裙长得多，一般至小腿或脚面，根据使用功能、时间、季节、地点的不同穿着的围裙也不同。春夏季劳作时一般使用"二幅头"围裙，在冬季则穿着"六幅头"围裙，即以六幅拼合。（如图1-33所示）

图1-33 冬季穿用的六幅头围裙

足衣，是穿着在足部的服饰品，在古代称为履，具有护足的使用功能和社会社火中的"礼教"文化标志，是传统服饰文化的要素之一。从民俗文化角度划分，足衣可分为婚鞋、丧鞋及表现低于民俗文化特色的鞋、各种以动物形态表示祝福健康、强壮、驱邪避祸和吉祥含义的鞋，如虎头鞋、狮头鞋、猪头鞋及一些特殊场合和用途穿着的鞋子如黄布鞋等。从制作材料角度划分，足衣可分为布鞋、草鞋、皮鞋或靴等形式。从穿着环境角度划分，又可分为室内足衣、室外足衣、雨雪天穿足衣及寝用鞋套等。

三寸金莲弓鞋是旧时女性的主要服饰品。在日常生活中，其礼仪讲究颇多，尤其以婚嫁时规矩最为严格。结婚时女子要准备三双金莲，一双是在上花轿之前穿着的紫面白底的金莲，取"白"和"紫"的谐音，"百子"寓意婚后子孙满堂，表达亲友的美好祝福；上花轿时再在"百子金莲"外面套一双用正方形布或绸折叠成的杏黄色或赤黄色的"金莲"（禁用正黄、明黄，触法论处），黄色有谐音"黄道吉日"之意，讨个吉利；第三双是五彩丝绣的软底金莲，也叫"睡金莲"，是拜过堂后上床睡觉时候穿的，这双金莲的鞋内有画，脱下后由新郎新娘一起合看，其画面的内容与新婚之夜生活有密切关系。可见三寸金莲弓鞋包含着民间社会生活中许多文化寓意和民俗风情。（如图1-34 ~图1-36所示）

服饰手工艺

图1-34　三寸金莲绣花鞋

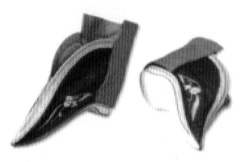

图1-35　金莲刺绣弓鞋

图1-36　平跟低筒刺绣金莲

　　高跟高筒鞋，在中国民间流传了一些三寸金莲高跟高筒鞋，有短腰鞋和长腰鞋之分。长腰鞋类似于今天流行的高筒靴，分为鞋头、鞋帮、鞋腰和鞋底，鞋腰与大裆裤下摆相呼应，所有部件分开绣制，最后整合缝制为完整的鞋，图案多为吉祥花卉、象征爱情长久的"鱼戏莲"、象征长寿富贵的"耄耋富贵"等，使用布贴绣、平绣、镶花边等工艺手法，在当时应当是极其时髦的穿着。因此，高跟高筒鞋不是西方人的专利。（如图1-37、图1-38所示）

图1-37　高跟高筒刺绣弓鞋

图1-38　绣花弓鞋（后跟与鞋分离、外出时穿上后跟作高跟鞋使用，在家单穿平底的）

明代风流才子唐伯虎的《排歌》，可见作者对于三寸金莲的赞慕：

第一娇柔娃，金莲最佳，看凤头一对堪夸；新荷脱瓣月生芽，尖瘦帮柔满面花。

绣花鸡公鞋，在传统社会闽南惠安女这个群体沿袭了奇特的民俗——早婚和长居娘家，在现实生活中饱尝诸多难言的苦难和不幸，再加上丈夫主要从事海上作乐，岸上一切工作便交给妇女，繁重的农活、闭塞贫困的社会环境等诸因素使得惠安女肩负着沉重的体力劳动和精神负累。然而爱美是人类的天性，在漫长的岁月里，惠安女通过刺绣纹样来美化朴实的服饰，通过图谱的"鸡公"鞋来寄托长年累月对爱人的思念，这也是她们生活中主要的精神安慰和寄托。图案花纹丰富多变、色彩艳丽和谐，体现出惠安女独特的审美心理特征。（如图1-39所示）

图1-39　绣花鸡公鞋

船形绣花鞋，江南水乡特有的绣花鞋。鞋头尖而翘，形似水乡特有的、带有小蓬的舢板船的船头部位造型，整个鞋型也类似这种船的流线外形。这种船形绣花鞋穿着适用性很好，鞋底是"两段底"，在鞋底前半部分装上一块由细布经过密扎加工后、呈三角形的薄鞋尖，鞋尖上翘，走路轻巧、利索，俗称"扳趾头"鞋，后来又在鞋底上钉两块皮是为防潮湿，不分左右脚。其图案颇具水乡韵味：缠枝牡丹图案的构成，嵌绣有蝙蝠、寿桃、荸荠和梅花，比喻"福寿齐眉"。制作者故意将这四种图形隐藏于牡丹周围，多用于新娘绣鞋上。（如图1-40所示）

乌拉鞋，旧时东北常见的皮质鞋，以头层牛皮鞣制，特别之处是在鞋头捏出十多个整齐细密的小褶，工艺可见一斑。内所垫东北三宝之一的乌拉草，乌拉鞋内宽松不勒脚趾，乌拉草松软透气，在足部出汗后将乌拉草取出晒干后仍然可以重复使用，而且越垫越柔软。因此，穿此鞋不生脚病。（如图1-41所示）

图1-40　船形绣花鞋

图1-41　乌拉鞋

　　绑腿，古称"行滕"，俗称"裹腿"、"腿绷"。是系扎在腿部的服饰品，在我国已有3000多年的历史。其形制有长短之分，单夹之别，北方地区人民喜欢用织带将裤脚口扎紧，目的是防害虫入侵、防风、活动便捷，天长日久逐渐形成习俗。（如图1-42所示）

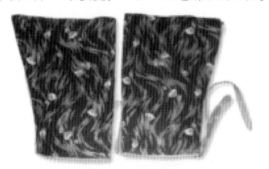

图1-42　印花绑腿

　　装老鞋，是年老的妇女生前为自己去世准备的鞋，又叫老人鞋。鞋面和鞋底上亲手绣花，内容是如何通过一些地域的民间宗教仪式渡过奈何桥，平安、顺利到达阴间地府，为来世的好运、繁荣和兴盛奠定思想寄托。鞋底绣的荷花图案（荷花即莲花），是佛教和道教的圣花，是善和美的象征，同样这也是民间宗教教义的主要图案形态和一种精神寄托，其宗教色彩尤为浓厚，以"出淤泥而不染"隐喻高洁的品格。《阿弥陀佛》中所载西方极乐世界的"圣湖中每朵开放的荷花被视为一个灵魂的居所"，特别虔诚的人死后荷花会为他立即开放，佛会立即接见他。由于对这些神圣而辉煌的境界的向往，中国民间若有人死去，多要"头枕莲花，脚蹬莲花"。故莲花具有象征永生、复活和保佑生命再生之意。（如图1-43所示）

图1-43　装老鞋

枕头是一种睡眠工具，一般由枕芯和枕套两个部分构成。枕芯需要填充材料，使枕头在使用时保持一定的高度。填充材料多种多样，其中有中药材如决明子、野菊花、蚕沙；有谷物类如荞麦壳、谷糠、棉；有灯芯草、蒲绒、废茶叶等作为材料填充等。枕头分冬枕、夏枕、软枕、硬枕，有玉枕、石枕、帛枕等。民间最喜爱绣花枕，女子出嫁要绣"鸳鸯枕"带到夫家，枕顶图案有"蝶恋花"、"鸳鸯戏水"、"福禄寿喜财"等。（如图1-44～图1-46所示）

图1-44　蝶恋花刺绣方、圆枕顶

图1-45　鸳鸯戏水　　　　　　　　　　　图1-46　绣花枕头

蝶恋花，寓意爱情表现和诉求。在民间妇女们看来，凡与织物有关者，都可以在其上进行绣花装饰，如同过年过节张贴年画、剪纸和挂门签，新婚时房间里所用的绣品，在表达一定的愿望的同时，烘托着生活的气氛。这些装点不在于物质本身的价值，表现的是刺绣作品本身以外的精神内涵，传情达意，期望美好，寄托爱情和祝福。有时，民间还将蝴蝶与本是传统服饰纹样中难登大雅之堂的白菜、萝卜等组合，以拟人化形态传情达意。白菜谐音"百财"喻多发财的意思。有时虽觉得过于牵强，但还是很能理解前人对美好前程的希望。《西厢记》中红娘送"鸳鸯枕，翡翠衾，羞答答不肯把头抬，弓鞋凤头窄，云鬓坠金钗"。

四、民间服饰手工艺的装饰性特征

民间服饰的装饰品种繁多，各类服饰品的装饰都有很大的区别。上衣和下装、肚兜和围裙、头巾和包袱皮、围巾和披肩、坎肩和云肩等，都因功能不同、形状不同，在装饰的造型上有不同的要求。民间服饰装饰的造型和其他民间艺术一样，都是来自人们自己的创造，题材多来自生产生活，来自大自然和民间的风俗习惯。那些花草枝藤、鸟兽鱼虫、人物山水通过劳动人民的再创造，不仅造型生动，而且特别富有生活气息。

1. 写实性的造型

民间服饰中有很多装饰写实性很强，对于装饰的形象不过多地进行加工和变形。写实性造型多为刺绣品，因为刺绣的表现力比较强，可以逼真地再现造型光的明暗和色彩的变换。写实性的图案造型用在服饰上，虽然对真实的写照经过重新布局，但仍保留了真实的层次感、色彩感、明暗感、立体感，都要用刺绣的各种针法再现出来。吉祥图案的历史源远流长，早在远古时期，我国人民就把一些雄健的猛兽形象作为"威武"的象征用于男子的服饰，而将一些文静美丽的珍禽比作"美好"，用于女装的纹样。这使中国具有很强的符号性、象征性、寓意性，是重要的表现手段。人们常将几种不同的图案配合在一起，或给予"寓意"，或取其"谐音"，以此寄托美好的愿望，抒发自己的情感。

在民间经常用一些吉祥物来表现吉祥的意愿，这些吉祥物一定要形象逼真，否则就达不到谐音的效果。如"年年大吉"是以鲶鱼和公鸡的形象寓意"年"和"吉"，"年"与"鲶"谐音，"鸡"与"吉"谐音，这样才能构成"年年大吉"。鲶鱼又叫鲇鱼，没有鱼鳞，腹部白色，背部黑色，头扁嘴宽，上下颌有四根须，这是鲶鱼形象的特点，如果不是写实，很容易使人误以为一般的鱼。在服饰上装饰，一般不用公鸡，而是用橘子代替，因为"橘"与"吉"也有声母同音，同为吉祥。

如将松、竹、梅三种耐寒植物放在一起，比喻经得起考验的友谊，取名"岁寒三友"；把芙蓉、桂花、万年青三种花织绣在一起，比喻永远荣华，称为"富贵万年"；把蝙蝠和花组图，叫"福从天降"；把太阳和凤凰放在同一画面，叫"丹凤朝阳"；把喜鹊和梅花绣在一起，叫"喜上眉梢"；把金鱼和海棠放在一起，叫"金玉满堂"；把萱草和石榴放在一起，叫"宜男多子"；把鲤鱼和莲花放在一起，叫"连年有余"；把花瓶和长戟放在一起，叫"平升三级"；等等。还有以"八仙"、"八宝"、"八吉祥"为一体的绣品图案，表示出神入化神通广大，既有吉祥寓意，也代表万能的法术。

如"暗八仙"为葫芦、团扇、宝剑、莲花、花笼、渔鼓、横笛、阴阳板，因只采用神仙所执法器，不直接出现仙人，故称"暗八仙"。"暗八仙"又可称为"道家八宝"，用其代表八仙不同的境界与追求。在长期的民间流传及民间艺人的演绎中，暗八仙主要有如下功能与特点：渔鼓，张果老所持宝物，"渔鼓频敲有梵音"，能占卜人生；宝剑，吕洞宾所持宝物，"剑现灵光魑魅惊"，可镇邪驱魔；笛子，韩湘子所持宝物，"紫箫吹度千波静"，能使万物滋生；荷花，何仙姑所持宝物，"手执荷花不染尘"，能修身养性；葫芦，李铁拐所持宝物，"葫芦岂只存五福"，可救济众生；扇子，钟离权所持宝物，"轻摇小扇乐陶然"，能起死回生；玉板，曹国舅所持宝物，"玉板和声万籁清"，可净化环境；花篮，蓝采和所持宝物，"花篮内蓄无凡品"，能广通神明。

如佛前供器"八吉祥相"。由法轮、法螺、宝伞、白盖、莲花、宝罐、金鱼、盘肠八件组成。每件供器含义不同：法轮代表佛说大法圆转，万劫不息；法螺代表菩萨果妙音吉祥；宝伞代表张弛自如，曲覆众生；白盖代表遍覆三千，净一切乐；莲花代表出五浊世无所染；宝罐代表福智圆满，具完无漏；金鱼代表坚固活泼，能解坏劫；盘肠代表回环贯彻，一切通明。因为八宝寓意吉祥，所以成为我国传统工艺中的主要纹饰。

2. 双关性的造型

双关性造型，通俗地说就是"纹样"和"纹样"之间相互制约，"纹样"和"地子"成为互相关联的状态。双关性造型在民间也用得很普遍，造型很富有趣味性。"双关"在我国有很久远的历史，在中国的思想观念上很注重"阴阳"，两种食物互相关联、互相制约、相辅相成、互相对立而又互为相补等现象都是中国阴阳哲学的反映。如阴阳、上下、大小、黑白、雌雄、刚柔、冷暖、前后、动静、厚薄、轻重、聚散、疏密、凹凸等都是互相对立、互相依附、互相渗透、互相成形的关系。中国的"太极图"就是阴阳对立，而又互相依靠的关系。

在民间老百姓充分发挥其聪明才智，创造了大量的优美造型。如"五福❶捧寿"中的"蝙蝠"与"寿字"互相串连，互相依附成为一个整体的造型。一个圆形，一分为二就成了两个形状，两个形状合起来又是一个形状。在把圆形分开的时候，可以用各种形式的线，就会出现不同的"一分为二"的形式。如用S形线、直线、折线、曲线、波浪线等都有不同的效果。一个花形设计好后，会出现一些空白的"地子"，再用另一个花形，在空白的"地子"上"适形"设计，即俗话说的"见缝插针"、"钻空子"等。这种双关关系，也是民间服饰图案中常用的造型方法。在民间美术中运用双关法的例子很多，在民间服饰手工艺中更是屡见不鲜。团花"双龙"是利用两条龙之间形成的空间，然后再用火球、龙须等填充，形成了"见缝插针"的局面；"麒麟团花"是一只麒麟与金钱、云等互相穿插，麒麟身体的空间是火焰纹，尾巴与头互相连接，身体与金钱互相补充，组成了"双关"关系的团花；"三福团花"由三只蝙蝠互相补充空间，用云补充空间，像这样的例子不胜枚举。

3. 会意性造型

民间服饰手工艺中的装饰造型，有相当多的内容是寓意性质的。用字的同音、谐音，或是用两种以上的吉祥物组合成一个造型。会意性造型取材很广，在"民间服饰和民间传说"中常见的例证较多，一般都是祝愿性质的，因此"吉祥如意"这一类的寓意最受人们的喜爱。"如意"是一种象征吉祥的器物，用白玉、硬木、竹、珊瑚、金属、象牙等材料制成。如意头好像灵芝的形状，有一个长长的、稍稍弯曲的柄，柄的一头做成手指的样子，可以搔痒舒服，如人之意，因此叫作"如意"。如意可以与许多吉祥物配合，会意成吉祥、喜庆、寿辰等吉祥图案。与"瓶子"会意成为"平安如意"，与云配合在一起就是"祥云缭绕"，与"盒"、"荷花"会意就是"和合如意"。另有种种如意图案，以喻吉祥之意，如"万（万年青）事（柿）如意"、"吉祥（大象）如意"、"四艺（琴棋书画）如意"、"必（笔）定（锭）如意"等等。

在民间服饰上，用得较多的是有关鱼的造型。鱼在民间风俗中是富裕的象征，鱼又能与很多吉祥物相配，可以会意成各种意义的装饰。以与其他吉祥物会意的鱼，因这些鱼的名称都带有吉祥的字眼。"鲤"与"利"谐音，"金"与"黄金"同意；"鲶"与"年"同音，"鲢"与"连"同音，"鳜"与"贵"同音，民间利用这些同音字再与其他器物会意成为吉祥图案。如"金鱼"与"金玉"同音，在服饰上以数条金鱼组成团花，就是"金玉满堂"；用莲花与鲢鱼组合，会意成"连年有余"；用牡丹花与鳜鱼组合，会意成"富贵有余"。

❶ "五福"是长寿、富裕、健康、和睦、美德。

鲤鱼在民间服饰中用得较多，因为"鲤"同"利"，所以刺绣、剪纸、年画、手工艺上的吉祥物多为鲤鱼。

在古代，皇家所用的图案造型，民间被禁不用，但是老百姓却有一定的办法闯入这一禁区，如用蝴蝶与凤凰会意成"团凤蝴蝶"。辛亥革命以后皇家的一些会意装饰造型在民间逐渐多了起来，如"龙凤呈祥"、"百鸟朝凤"等。

4．动态造型

民间服饰中的图案造型有一个重要的特征，即造型的形态大多数是动态的。例如，鱼是跳跃的、蝙蝠是飞升的、鸟是飞翔的、动物是走动的，即使是一些静止的物件也为它赋予了动感。如"暗八仙"是以八仙道具作为主题的，这些道具都是静态的，于是人们就用"飘"来进行装饰。即使是松、竹、梅、菊等植物进行刺绣造型，也有借风而动、借水而漂、借静喻动、借抽象表具象等多种办法使其动态各异，栩栩如生。如民间服饰"福寿双全"是蝙蝠和桃组成的，桃的造型比较单调，这就需要借"力"来打破这单调的局面，蝙蝠是飞动的，姿态生动，桃树叶和桃花若绣成一个方向，好像是依风而动，动感十足。这样的构图方式克服了"静态"的呆板，呈现出"动态"的生动活泼。这从美学的角度讲，是一种由两维平面转化为三维立体造型的过程，充分体现了民间造型艺术崇尚动态境界的魅力。

练习题

1．列举汉民族从头到脚的服饰名称。

2．阐述中国民间服饰装饰的造型特征。

3．简述枕头枕顶的刺绣图案及吉祥寓意。

4．名词解释：

马面褶裙　三寸金莲　卷袖衫　暗八仙　百家衣　五毒衣　蓝紫裤　凤尾裙

第二章　手针工艺与技法

第一节 手针工艺简述

一、手针工艺的形成

手针工艺在我国历史悠久，早在旧石器时代早期，人类的祖先就可以用缝制工具"骨针"，以动物的筋腱、麻葛、蚕丝、羊毛做线，缝制御寒衣物遮体。手针工艺从最初的以实用为主的缝制手针工艺技巧演变为以装饰为主的装饰手针工艺技术，经历了漫长的历史时期。

在远古时代，人类就已经有目的、有意识地用自身以外的材料来满足生存的需要。随着人类社会的不断发展，在生活和劳动实践中，人们发现了身边的麻、葛等植物纤维经加工可纺织成葛布，蚕丝、羊毛等动植物纤维可加工成丝绸和毛布；同时，粗糙的骨针也被灵巧锋利的玉针、铁针取代，而手针的缝制技巧，也因材料的变化发生了巨大的变化。

二、手针工艺的针法与特点

（一）实用性手针工艺的针法与特点

实用性手针工艺是缝制服装的一种传统手工技艺，主要针法：绗缝、板缝、环缝、纳缝、扦缝等。这些基本针法的主要特点是使衣片相互拼接、固定、有机组合。根据不同的材料、不同的工艺要求，使用不同的针法，是服装缝制工艺的技术要求。

（二）装饰性手针工艺的针法与特点

装饰性手针工艺不局限于缝制服装的传统技艺，其应用范围非常广泛。在人们的日常生活中，从家居用品到环境艺术、服装、饰品等，均能发挥其优势。

1. **主要的装饰针法**

绗缝针类：纳绗针、穿绗针、绕绗针、八字针等。

倒回针类：倒回针、柳针、点珠针、双回针等。

套针类：辫子股针、宽链针、扭形链针、环蜂窝针等。

绕针类：绕针、打籽针、竹节针、撸花针、穿珠针等。

2. **装饰性手针工艺的针法**

错针重组法：在缝制手针工艺的针法操作过程中，难免会出现针布走错，或线迹绕错等现象。当上述现象出现时，只要经过认真的调整、重组，就会构成一种具有一定装饰性的新针法。

线迹排列法：根据不同针法的线迹效果，按图案效果去排列线迹，调整针步，重新组合出一种新的装饰性针法。

装饰性手针的特点是装饰性强，实用性弱；线迹排列美观有序，但线迹牢固性差。

（三）刺绣工艺的针法与特点

中国的刺绣艺术世界闻名。"刺绣以针为笔，以缣素为纸，以丝绒（线）为朱墨，铅黄，它取材极约而所用甚广"，和书画一样是高超的艺术，又是"闺阁中之翰墨"[1]。

1. 刺绣工艺的基本针法

章法：刺绣很讲章法，与中国传统的绘画有相通之处。"书画皆可乘性挥洒"，而刺绣"则积丝而成，苟缺一丝，通幅即为之减色"，所以刺绣"较其他艺术难"[2]。

水路：纹样中的一部分与另一部分之间留出等距离的空白，在戏装和图案制作中常使用水路。

针脚：即针码，指两针之间的距离。

针法：是刺绣用针、用线的方法。不同的针法可以表现出不同的物体形象和质感。

绣法：选择针法、运用丝理和运色。

丝理：指留在绣面上的线和这些线的排列趋向。

2. 刺绣工艺的规律及特点

齐：界限分明、针脚平齐。

光：在刺绣工艺中丝线绣成的绣面所表现出的光彩。

直：刺绣和书法一样，宜直，直始能正。

匀：即粗细适中，疏密相称。

薄：将丝线劈成极细的丝、绒，绣成后的绣面很薄。

顺：刺绣时线迹直顺，在转折处调整针脚的长短，使绣面线迹逐渐依次顺转。

密：丝、绒线迹排列要细薄而密，绣成后的绣面光亮、平滑，不露布底。

只有熟练地掌握并运用刺绣工艺的技法，才能绣出精美的作品。

三、手针工艺的材料与工具

（一）布料

布料是刺绣的载体，布料的选择与针工作品的效果、操作技法关系密切。

服装材料：适用于缝制服装的所有面料。

装饰材料：针织材料、梭织材料、皮革裘皮材料等。

刺绣材料："绣面"有府绸、麻布、十字布、网眼布、软缎、纱罗、尼龙绸、尼龙绢、真丝绡、玻璃纱等。

（二）手针

服装缝制工艺的手针型号有以下几种。

---

[1] 摘自《绣普》，作者：丁佩，女，清代嘉庆、道光年间著名刺绣艺术家。
[2] 摘自《绣普》，作者：丁佩，女，清代嘉庆、道光年间著名刺绣艺术家。

1. 缝制手工针分类

缝制手工针大致分为两种：粗条针和细条针。

粗条针：针柄不但条粗，而且针鼻儿也大，适宜纫粗线，适用于缝制厚的毛呢、被子、皮子等材料。

细条针：适宜缝制丝绸、丝绒等软薄型材料。

2. 手针型号与使用范围

手针的型号：1～12号；针的型号越小，针就越粗越长；针的型号越大，针就越细越短。

3号手针：适用于厚呢料服装的钉扣、锁眼及纳垫肩等。

4号、5号手针：适用于精做西服工艺的敷衬、环止口、纳驳头等工艺。

6号、7号手针：适用于薄型丝绸服装的缲边、花绷贴边等工艺。

3. 装饰手针工艺的用针

以不损伤丝线、绒线、麻线等为主，针孔长而大，宜于穿线，针尖细而锐利便于钉缝。

刺绣针：常用的手针型号为9～12号。9号手针长度约为2.8cm，适用于细丝线；12号手针长度约为2.1cm，适用于丝线劈成极细的丝，或发绣。

毛线针：常用型号为15～20号。其针孔长，适合各种粗细的绒线穿入，针尖钝圆，适用于粗纺。

珠绣针：适用于钉缀、穿缝珠子的手针，针柄特别细而长，针孔细小，很容易从珠孔中穿过。

皮针：针尖如锤子，特别锋利，适用于刺透皮革。

由于装饰手针工艺适用范围广泛，取材品种多样，因此在手针的选用上应根据材料的需要而定。

4. 刺绣工艺的用针

常用的刺绣用针型号为9～12号。国内的刺绣用针多选用江苏苏州和上海生产的产品，针锋尖锐，针鼻圆钝，针细小灵活，使用方便。（如图2-1所示）

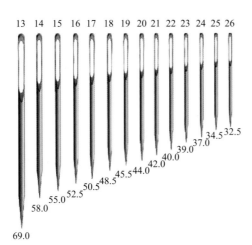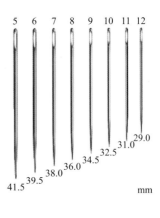

图2-1 刺绣用针

（三）顶针

在学习手针工艺的过程中，要学会并掌握使用顶针的技巧。常见的顶针有两种类型：帽式顶针和箍式顶针。（如图2-2所示）

图2-2 帽式顶针、箍式顶针

帽式顶针：使用时戴在用针手中指的指尖上，缝制软料时，用中指的指尖轻轻推动针鼻进针缝制。

箍式顶针：使用时戴在手中指的第一节指关节以下处，或第二节指骨的上部。在缝制厚型呢料时，用箍式顶针顶住针鼻进针。

（四）线材

从线的材料上分：有棉线、丝线、麻线、皮线、细绒线、毛线、金银包线、各种彩带等。

从线的结构上分：有单股线、双股线、四股线、六股线和平织不同宽度的带子等。

从线的光泽、颜色上分：有无光泽线、有光泽线、丝光线、闪光线、素色线和彩色线等。

从线的用途上分：有面线、垫线等。（如图2-3所示）

图2-3 绣花线材和平缝机线材

（五）花绷

花绷多用于刺绣工艺，有竹子、塑料制成的圆形花绷，有木材和金属材料的长方形花绷。（如图2-4所示）

图2-4　塑料花绷和竹制花绷

（六）工具

（1）锥子：在布面上钻孔或作标记的一种常用工具，选用锥柄光滑、锥尖笔直锋利的为宜。

（2）线剪：在手针工艺中，常用于剪线头的专用工具，剪刀刃口要选用锋利、耐用的。

（3）绣花剪：刀刃细长，尖部向上翘。在进行抽纱、雕绣工艺时，用来挑剪布丝或剪挖底布。

（4）熨斗：选用蒸汽式熨斗。整理、烫平手针工艺作品时，经常使用熨斗。

（5）描图纸：描绘刺绣图案时，需用描图纸扎空、拓印底样。

（6）印花颜料：是刺绣工艺的一种特制颜料，配制方法是：

备料：白醋、佛青❶、利德粉❷、煤油。

方法：先将白醋放入铝制饭盒内加热。然后倒入佛青，用木棒搅拌，使佛青与醋液搅拌均匀。再加入利德粉，继续搅拌，使醋液与利德粉凝固在一起，冷却，倒入煤油，继续搅拌呈糊状即可。

（7）印花颜料的使用方法：将刺绣图案描绘在图纸上；将缝纫机的针距调到4mm处；取下缝纫机的压脚，将图纸摆在针杆下，用机针按图案的轮廓扎孔，制成"漏孔板"；将漏孔板摆在刺绣底布上，用镇纸压紧；用硬毛刷蘸上印花颜料后，刷"漏孔板"，使图案轮廓线印到刺绣底布上。印花颜料不会污染布料，刺绣完成后，印花颜料很容易脱落。而且，印花颜料可长期使用，注意不用时要密封避光。

练习题

1. 简述刺绣工艺的基本针法、规律及特点。

2. 列举刺绣材料所用的绣面。

3. 印花颜料的配制方法有哪些？简述其使用方法。

---

❶　一种蓝色粉末状颜料。

❷　一种白色颜料。

第二节　手针专用符号与工艺技巧

一、实用性手针工艺针法专用符号

为了方便服装缝制手针工艺，针法专用符号见表2-1。

表2-1　实用性缝制手针工艺针法专用符号

序　号	名　称	符　号	序　号	名　称	符　号
1	绗缝	- - - - - - - - -	6	扦缝	/ / / / /
2	搛缝	———————	7	锁缝	♀♀♀♀♀
3	板缝	\ \ \ \ \	8	钉缝	∩∩∩∩
4	环缝	♋♋♋♋	9	拉线襻	⟫⟫⟫⟫
5	纳缝	∕∕∕∕			

二、装饰性手针工艺针法专用符号

在人们的日常生活中，装饰性手针工艺应用广泛，无论在生活日用品、室内装饰品以及服装服饰用品上，都会用到。常用的有：

绗缝类：纳绗、穿绗、绕绗、八字针、纳绗一字针等。

倒回针类：倒回针、柳针、点珠针、双回针、流苏针、三角针、缠绕三角针、水草针等。

套针类：辫子股针、宽链针、扭形链针、环蜂窝针、鹿角针、锁针、双三角针、叶形针等。

绕针类：绕针、打籽针、竹节针、穿珠针、撸花针、织网针等。

装饰性手针工艺针法专用符号见表2-2。

表2-2　装饰性手针工艺针法专用符号

绗缝针类型		倒回针类型		套针类型		绕针类型	
名称	符号	名称	符号	名称	符号	名称	符号
纳绗	▬ ▬ ▬ ▬	倒回针	⅄⅄⅄	辫子股针	⟨⟩⟨⟩	绕针	⟩⟩
穿绗	∿	柳针	〜〜〜	宽链针	⊓⊓⊓⊓	打籽针	兆 兆 兆
绕绗	∿	点珠针	- - - -	扭形链针	⟨≫⟨⟩	竹节针	←→←→
八字针	>>>>>	双回针（一）	= = = = =	环蜂窝针	人人人	撸花针	州州

服饰手工艺

绗缝针类型		倒回针类型		套针类型		绕针类型	
名称	符号	名称	符号	名称	符号	名称	符号
纳绗一字	⫾⫾⫾⫾ / ⫾⫾⫾ / ⫾⫾	流苏针	UUUU	鹿角针	∿	穿珠针	⊶⊷⊶⊷
		三角针	XXXX	锁针	⌐⌐⌐⌐	织网针	▦
		缠绕三角	∿∿∿	双三角针	▽▽▽▽		
		影针	-·-·- ▨	叶形针	◠◠◠		
		缠绕正影	∿∿∿	乌眼针	◊◊		
		环绕正影	∿∿∿	长链花针	✎✎✎✎		
		钉缝三角	✳✳✳✳	麦穗针	✲✲✲✲		
		双回针（二）	------	链形针	⬭⬭⬭⬭		
		盘肠针	∞∞∞∞	丫丫针	YYYY		
		交叉针	⋈⋈⋈				
		菱形花针	XXX				
		鱼骨针	⧼⧼⧼⧼				
		水草针	≫≫≫				

🎝 三、刺绣手针工艺针法专用符号

中国的刺绣品种繁多，风格各异闻名于世。常用的刺绣针法有：蛛网绣、编绣、织绣、锁绣、交织绣、编绣三角、包梗绣、垫绣、铺线绣、垫金币绣等。刺绣手针工艺针法专用符号见表2-3。

表2-3 刺绣手针工艺针法专用符号

序号	名称	符号	序号	名称	符号
1	蛛网绣	🕸	6	编绣三角	◬
2	编绣	✠✠✠✠	7	包梗绣	⫸
3	织绣	⌒⌒⌒	8	垫绣	◍
4	锁绣	ᕷᕷᕷᕷ	9	铺线绣	✕ ✕
5	交织绣	⊞	10	垫金币绣	⊘

练习题

1．收集各种刺绣品，比较其工艺针法的异同。

2．设计一款容纳多种针法的绣品，并附说明书，介绍设计的整体构思、作品的用途，说明使用的针法、手绘刺绣针法符号。

第三节　手针工艺技法

在缝制工艺中，尽管机械化生产占主导地位，但手针技艺仍具有不可替代的作用。精制高档毛呢料服装，仍需要用手针来完成许多工序，如打线丁、扳止口、花绷贴边等。在缝制中式传统丝绸服装时，更是需要用手针做拉线襻、扦襻条、缭贴边、缝襻花等工序。

一、传统手针基本针法

绗缝针：又称"拱针"，是一种最基础的缝制针法，常用于拱袖山缝头。进针针距为0.3cm，自右向左进针行针，针距在布料的正面、背面长度一致。（如图2-5所示）

绷缝针：又称"扎缝"。这种针法可起到临时固定两层或两层以上布料的作用。在贴补工艺中，多用此针法固定贴补的花型。

图2-5　绗缝针

板缝针：多用于精制西服工艺的暗工，如扳止口。将止口处的大身做缝与过面做缝扣倒，板缝固定。板缝是一种起到固定作用的针法，板缝时左手要用力捏紧布料，线迹不能松，但也不能过紧，有时斜进针拉线，适合板缝毛呢料。

环缝针：又称"叠缝"。是一种处理布料毛边的针法。在包缝机包边之前，环缝针使用普遍，有时仍用于环缝布料毛边。在精做高档男西服时，有时会使用环缝针环袖窿，但这种环缝是将里子与面子固定在一起，使用倒针环缝，针距1～2cm。（如图2-6所示）

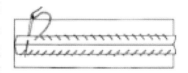

图2-6　环缝针

纳缝针：多用于精做男西服工艺的暗工，如纳驳头、纳胸衬、纳领子、纳垫肩等。纳缝是将两层以上的部件缝合在一起，在缝合的同时，还要求里外层形成一定的臃势。如纳驳头，纳缝后的驳头会自然驳倒。在纳缝时，左手拿住衣片，拇指与食指配合使部件里外层产生一定臃势，同时右手用手针扎下，针尖一触到左手的食指，即将针挑起纳缝。纳缝后的衣片表面不会露出线迹。

明扦缝：又称"缲缝"。多用于固定衣服的衣摆、袖口和领口贴边。自右向左行针，由

方扣眼

方圆扣眼

圆头扣眼

图2-7　锁缝针

上层进针，出针后在原地挑起下层的布丝，然后以0.3cm的针距向上层进针。扦缝好衣边，正面不露线迹，背面针脚整齐。

暗扦缝：有正扦、反扦两种操作方法。正扦针是一种固定针法，多用于服装扣净毛边的贴边与大身的固定，针距0.3cm。扦缝后的衣服，正面不露线迹。反扦缝针多用于扦皮活，因为皮子较厚而且硬，反扦缝时进针有力量，对缝处扦后严密、结实。

锁缝针：用于服装的扣眼。扣眼的形状大致有三种：方扣眼、方圆扣眼、圆头扣眼。（如图2-7所示）塑封扣眼的针法为扎一针锁一个扣，针距排列紧凑，针脚宽度一致。锁缝也常用于锁边，以防止布丝脱落，多用于毛绒织物的锁边。

钉缝针：在缝制工艺中常用于钉缝扣子。钉扣子一般多使用双线，扣与衣服之间用留足一定的厚度做线腿，线腿的高度根据衣服的厚度而定。

拉线襻：常用于服装下摆与里子的连接。线襻的作用是使里子与衣摆连在一起的同时，又保持一定的活动松度。拉线襻的长度可根据自己的需要而定，起针是由衣服的底摆贴边的缝份处打线结进针，将线结藏在缝份中间后，出针反复一次则形成一个圈状的线套。然后用左手的拇指与食指从线套中抽出，同时用左手的中指继续勾住并拉出缝线，又形成一个新的线套，再将左手的拇指与食指撑开新的线套，重复上述的勾、拉，连续制作一个个新线套，则形成线襻，制作到所需线襻的长度止。最后，将手针插入线套并收紧。在里子上固定线襻，将收紧线套的线襻一端，用手针缝在里子的贴边缝份处，在里子缝份中间打线结，剪断线头，即缝制完成一个拉线襻。（如图2-8所示）

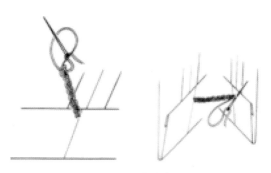

图2-8　拉线襻

二、绗缝针、倒回针装饰手针技法

纳绗针：是由几行平行排列的绗缝针组合而成。要求针距一致，从右向左行针，每缝二三针后拔针，行间针脚错位形成点状图案。（如图2-9所示）

穿绗针：是在一行绗缝针的基础上，再穿缝另一根绣线，以绗针的线脚来固定穿缝的绣线，形成图案。

图2-9　纳绗针

八字针：是服饰手工艺中常用的纳针针法。进针针法与行针方向呈垂直状态，以两行并列组成"八"字形。多用于装饰花边，要求针法排列整齐、美观。

纳绗一字针：是以线迹排列法构成图案的一种针法。行针方向自右向左，进针方向由下向上。纳绗时注意一字针的长短一致，排列整齐形成图案。

倒回针：针法步骤是自右向左进针，出针后向右倒退一针，再向左进两针，如此反复形成倒回针。

柳针：又称"滚针"。针法自左向右行针，第一针线迹较长，出针后向左约线迹的1/3处进针，出针后线迹与第一针等长再进针，如此反复，形成柳针。

点珠针：又称"点绣"。针法步骤自右向左进针，出针后向右倒退一根布丝后进针，再向左间隔四根布丝出针，再倒退一根布丝进针，如此反复走针，形成一行点珠针。

双回针：是在倒回针的基础上变化形成的一种装饰针法。行针方向自左向右，进针方向自右向左，线迹要求松紧适宜。（如图2-10所示）

图2-10　双回针

流苏针：是双回针的变形针法。在双回针的针法的基础上，将上线带进、下线放松，使下线自然下垂形成线套，犹如流苏悬垂，多用于装饰花边。（如图2-11所示）

图2-11　流苏针

三角针：又称"交叉针"。是在倒回针的基础上变化形成的一种装饰针法。自左向右行针，自右向左进针，同时上下错位走倒回针，形成三角针图案。

缠绕三角针：是在三角针的基础上，再缠绕一根绣线，形成另一种装饰性针法。（如图2-12所示）

图2-12　缠绕三角针

影针：是三角针的变形针法，针步与三角针相同，在缝制时缩短三角针间距，同时加大上下回针的宽度，可形成影针图案。影针的正面与反面效果不同，适用于透明纱质的装饰。（如图2-13所示）

正影针　　　　　反影针

图2-13　影针

缠绕正影针：是在正影针的基础上，再缠绕一根绣线，形成另一种装饰性针法。（如图2-14所示）

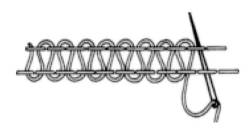

图2-14　缠绕正影针

环绕正影针：是在正影针的基础上，用另一绣线环绕"8"字图案。（如图2-15所示）

图2-15　环绕正影针

钉缝三角针：是在三角针的基础上，再用另一根绣线进行钉缝装饰，形成一种装饰针法。（如图2-16、图2-17所示）

图2-16　钉缝三角针

图2-17　重复三角针

三角针变形针法：在装饰针法中，三角针是最常用的针法，其针步简单，图案效果好，而且变形容易。如缠绕三角针、穿环三角针、错位三角针等，都是三角针的变形图案。（如图2-18所示）

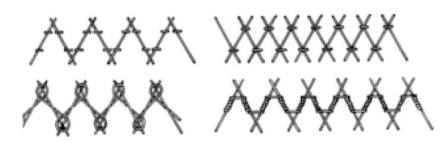

图2-18　三角针变形针

双回针变形针法：装饰针法中，双回针较常用。在双回针的线迹上进行缝绣装饰形成的图案变化非常丰富。（如图2-19所示）

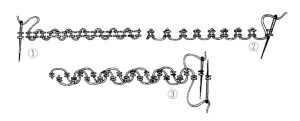

图2-19　双回针

盘肠针：是在倒回针的基础上，用另一根绣线在倒回针的线迹上作盘绕形成的一种装饰针法。盘绕时要注意线套松紧一致，排列整齐。（如图2-20所示）

图2-20　盘肠针

交叉针：是双回针的变形针法。在走双回针时，将底线带出布面，形成交叉线迹。（如图2-21所示）

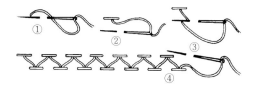

图2-21　交叉针

菱形花针：是由两行平行排列的交叉针组合而成，基本针法与交叉针相同。（如图2-22所示）

图2-22　菱形花针

鱼骨针：是根据线迹的图案效果，运用回针针步排列组合后形成的一种装饰针法。（如图2-23所示）

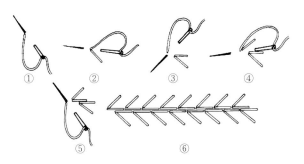

图2-23　鱼骨针

水草针：是运用回针针步排列组合而成，根据线迹图案命名。（如图2-24所示）

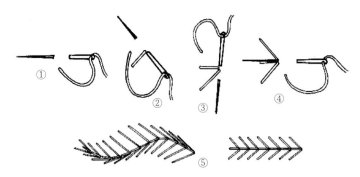

图2-24　水草针

三、套针装饰手针技法

辫子股针：又名"链形针"，是最早出现的套针针迹。早在商周时期辫子股针运用于刺绣装饰衮服。其是由绗缝针法变化而成，属于重组后出现的一种装饰针法，基本针法为打线套。（如图2-25所示）

图2-25　辫子股针

宽链针：图案与辫子股针很相似，在行针时将线套内的进针间距加宽，带线时将线迹放松，形成宽链针。（如图2-26所示）

图2-26　宽链针

环蜂窝针：是一种套针，在服装缝制工艺中常用于高档男西裤的门襟环边或装饰花边。行针自左向右，起针时先走一针0.2cm的倒针，再向右扎针0.4cm宽度，进针为纵向，连续走针时先走一针横向倒针，再走一针纵向套针，即形成环蜂窝针。（如图2-27所示）

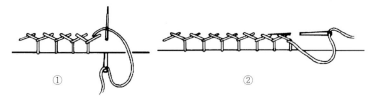

图2-27　环蜂窝针

　　鹿角针：又称"杨树花针"和"羽毛针"，是装饰性较强的一种套针。线迹图案像鹿角，多用于花边，有三针花、五针花、七针花等图案。在精做女装大衣活里底边多用此针法。（如图2-28所示）

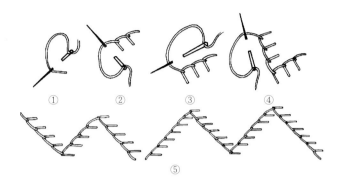

图2-28　鹿角针

　　锁针：针法分为锁边针和锁扣眼针两种针迹，都属于套针结构。锁边针在缝制工艺中常用于锁边。将锁边针重新排列，即可形成各种装饰图案，如蜂巢图案、套锁扇形图案、套锁轮状图案、套锁荷叶边图案、套锁阶梯图案、套锁格状图案等。（如图2-29所示）

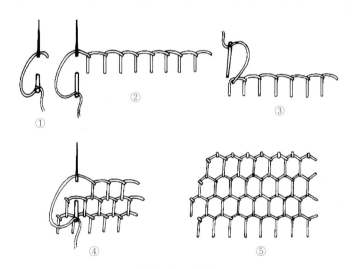

图2-29　锁针

　　双三角针：是在套针的基础上形成的一种装饰针法。多用于二方连续图案的花边和装饰壁挂。（如图2-30所示）

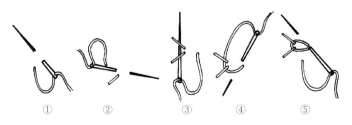

图2-30　双三角针

叶形针：是在套针的基础上变化而成的一种针法，由于线迹图案很像叶子而得名。叶形针适用于粗绒线绣。利用套针变化形成的另一种叶形针，适用于花瓣儿、带状图案等。（如图2-31所示）

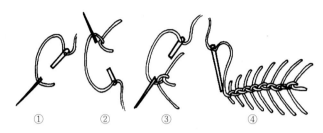

① ② ③ ④

图2-31　叶形针

乌眼针：是辫子股针的针法重组为套针扣结，形成的一种装饰图案。这种针法适用于点状花卉、小草的图案组合。（如图2-32所示）

① ② ③

图2-32　乌眼针

长链花针：又称"羽毛链针"，是在辫子股针的基础上，将扣结针的线迹加长，并转折形成"之"字形。这种针法适用于二方连续图案，多用于花边装饰。（如图2-33所示）

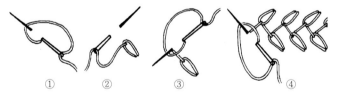

① ② ③ ④

图2-33　长链花针

麦穗针：是根据套针的基本结构，按图案效果重新排列针步而形成的一种装饰性针法。

链形针：又称"锁链针"，是套针的一种变形装饰针法。起针将线穿出布面，把绣线在针杆上形成线套，然后用拇指按住线套，紧挨出针位置扎下一针后，向前一步出针，拔针带线后，完成一个链形。链形针多用于象形的铁锚链或装饰花边。

丫丫针：是套针变形的一种。运用套针线迹组成"丫"字形排列图案。（如图2-34所示）

丫丫变形针：是根据套针的基本结构进行线迹排列，重新组合而成的一种装饰针法。（如图2-35）

套针变形针：根据套针针法的形成特点，以及错针重组的变化规律，套针变形的针法及图案种类多，变化丰富。（如图2-36所示）

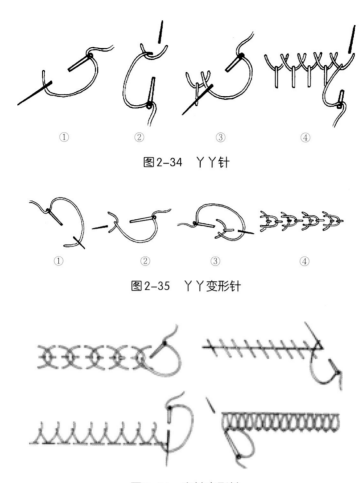

图2-34　丫丫针

图2-35　丫丫变形针

图2-36　套针变形针

四、绕针装饰手针技法

缠针：又称"绕针"。其特点为线绕针，即将绣线缠绕在针杆上，缠绕线圈的多少，依据图案决定，再根据团的排列需要，进行钉、缝，形成各种绕针针迹。（如图2-37所示）

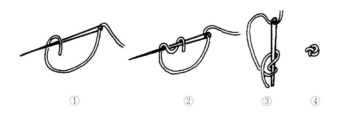

图2-37　缠针

打籽针：又称"圆籽针"。通过较简单的绕针针法，用打扣结的方式，形成小圆籽状图案。根据所需圆籽的大小，把绣线合成双股、四股，然后再进行绕针、打扣结形成。常用于花卉的花蕊部分，或随意组织画面，或区域性的图案纹样。（如图2-38所示）

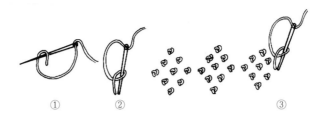

图2-38　打籽针

竹节针：是绕针的一种变形针法。由于变形后的图案很像竹子，故得名。用绣线能绣出象形的竹节图案。（如图2-39所示）

图2-39　竹节针

撸花针：又称"缠绕针"，是绕针的变形针法。这种针法可组合小型花朵、几何纹样，以"点"的形式出现，可随意排列。其图案效果好，有立体感，结实、耐磨，常用于童装点缀。（如图2-40所示）

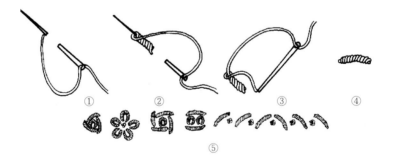

图2-40　撸花针

穿珠针：是根据绕针的针法特点，改变传统绕针方式，采用针绕线技法，按照线迹排列组合规律，绣出像珠串的图案效果。（如图2-41所示）

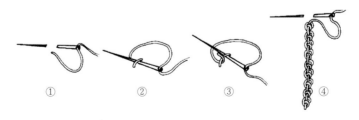

图2-41　穿珠针

织网针：是运用绕针针法，织绣网状图案，浮在布料上层，有浅浮雕的效果，且装饰性强。

以上针法不但可以单独变化组织图案，而且可以相互结合，综合应用，其装饰图案造型变化多样。

练习题

1．设计

（1）手绣：在30cm×30cm的方布上，用套针、绕针装饰手针技法绣出"春夏秋冬"四个字。

要求：①整体布局风格不限，但要设计合理，画面丰富多彩，力求精品；

② 字体的颜色要体现季节的变化，布边要用锁针的方式处理，防止布丝脱散；

③ 使用各种针法都要力求针脚均匀，精致细密，最后要熨烫平整。

（2）布展

主题：学生《服饰手工艺》平时作业展示；

要求：在规格120cm×240cm的宣传版面上布置。

（3）评分

展示时间：一周；评定等级：优、良、较好。

2．练习

练习并熟练掌握本节绕针装饰手针技法。

第四节　刺绣工艺技法

刺绣工艺在我国已有4000多年的历史。著名的有苏州的苏绣，湖南长沙的湘绣，广东省的粤绣，四川成都的蜀绣，并称为"四大名绣"。此外还有浙江温州的瓯绣，北京的京绣，河南开封的汴绣，湖北武汉的汉绣，山东地区的鲁绣，陕西地区的秦绣等，另有少数民族的刺绣。

一、刺绣手针针法种类

刺绣工艺的手针针法种类多样，按照针法的结构、形状、纹理和用途，可归纳为以下几种：

平针绣针法：齐套针绣、散套针绣、施针绣、叠彩绣、反抢针绣、云针绣、滚针绣、蒙针绣、搂和针绣、集套针绣、拗参针绣、虚实针绣等。

打籽绣针法：打籽绣是线在针杆上绕一圈或两圈，然后钉在底布上，将线从布料反面抽出拉紧，在绣面上出现一个圆点，可排列成二方连续图案。

纳纱绣针法：纳点绣、对针绣、穿罗绣、纳纱绣、八角绣、十字绣、米字绣、井字绣等。

服饰手工艺

双面绣针法：①双面绣：绣面选用透明的纱、罗、绡等材料，绣成双面同图案、同针法、同颜色，不分正反的双面绣艺术品；②双面异色绣：与双面绣的不同之处是，使用的线色不一样，绣制特点是先绣好一面，再绣另一面；③双面三异绣：双面异形、异针、异色的刺绣品，三异绣中的"异形"最重要。

浮雕绣针法：缠绕针绣、包针绣、包梗针绣、毛巾绣等。毛巾绣是绣花的一种，属于立体绣花，效果很像毛巾布料，故名毛巾绣。

贴补绣针法：补绣、挖补绣、贴补绣等。

盘金银绣针法：钉针绣、盘金绣、盘绣等。

乱针绣针法：大乱针绣、小乱针绣、交叉针绣、三角针绣、虚实乱针绣等。

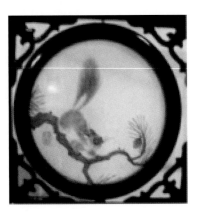

图2-42　发绣

发绣：发绣是浙江温州人魏敬先独创的技艺。是以头发丝为绣线，结合绘画与刺绣制作的艺术品，多为国家收藏珍品或外交礼品。温州发绣是浙江省著名的特色传统工艺品种之一，它承钵于元代传统工艺并施以创新手法，其鲜明的地域特色、精湛的技艺和恒久的收藏价值备受瞩目。温州发绣倡导"应物施针、法随心意"的创作理念，以平凡的发丝为媒材，运用高超的艺术手法表现丰富的现实生活，注重形象的个性特征，使画面质感独特、色彩淡雅悦目，层次丰富、变化微妙。就用发而言，温州发绣可分为两种：一种是单色发绣，即以同一人种的头发来创作的发绣；另一种是彩色发绣，即用不同人种的头发合绣。（如图2-42所示）

绣制书法：平针绣字、滚针绣字、套针绣字、锁针绣字、双面绣印章、双面三异绣印章等。

垫绣针法：垫绣是根据图案的规定与要求，首先将突出的部分垫上绣线、纸或布料，也可用絮片、毛毡等材料。然后在垫好的绣面上用绣线绣制，绣线将垫料严密封盖住，形成立体感的刺绣效果。

板网花绣：又称"司玫克"。主要用各种色线将布抽成有规则的图形，具有立体感强、色彩丰富、形象生动、层次清晰等特点。司玫克不但可作装饰用，还有松紧带的作用，它是一种富有表现力的绣花工艺，宜作童装。

编制绣针法：编绣、织绣、网绣、绷绣、蛛网绣、席算绣、辫子股绣、双合绣、拉链绣、锁边绣、别针绣等。

机绣：用机器绣制的刺绣。在中国，主要是以缝纫机绣制，也采用梭式自动刺绣机和多头式电子刺绣机绣制。在欧美及日本等国家，主要是以自动刺绣机绣制。在技艺方面，除了原来的打籽绣、包梗绣、挖绣、仿手绣、包针绣、长针绣、拉毛绣等外，还创造了大打手绣、包线绣、破针烫、鱼针破绣等新针法。

夜光印花绣：采用夜光印花技术，与机绣工艺相结合加工制成的一种新型机绣品，这种绣品能在弱光或黑暗中呈现出五彩缤纷的图案。在60℃以下的温水中洗涤，用300瓦以下的电熨斗熨烫，都不会受损。经测定它不含放射性物质，对人体是安全的。

　　绒绣：是用各种彩色的绒线在特制的网眼麻布上进行绣制的一种手工艺品，是新中国成立以来新兴的工艺美术品种，主要产地上海。针法有：粗针、细针、粗细混合针等。绣制过程可以自由拼色，尤能充分表现油画、国画、彩色摄影等艺术效果。绣工精致、色彩丰富、造型写实、立体感强。产品分绒绣画、壁挂等陈设品和沙发套、靠垫、椅背套、钢琴凳套、踏脚套、台面罩等日用品两大类。另外还有手提包、眼镜套、钱包、粉盒、钥匙袋等花片，其中有些是不铺底的半成品和板针附绒线，以便消费者根据喜好自行加工制作。

　　刺绣工艺手针针法与装饰性手针针法之间有相通之处，也有不同，区别大的针法有盘金银绣针法、乱针绣针法、垫绣针法等。

二、编织绣手针工艺技法

　　蛛网绣：是编织绣针法中的一种变形针法，由于线迹图案很像蛛网而得名。其针法是线绗缝"米字"形网架，再用绣线绕绣蛛网图案。（如图2-43所示）

图2-43　蛛网绣

　　编绣方格：是一种区域性装饰绣，以绗缝针绣出方格图案后，再绣坝针点缀。编绣方格的针法与图案变化多样，可随意组合，如坝十字方格、坝米字方格等。（如图2-44所示）

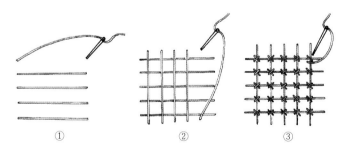

图2-44　编绣方格

　　织绣：是一种区域性装饰刺绣。它是使用手针戴绣线，在搭好框架的绣线上织绣各种不同的针法图案。织绣的针法灵活，图案变化丰富。（如图2-45所示）

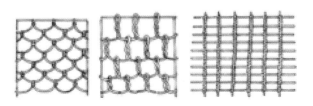

图2-45　织绣

锁绣：又称"锁边绣"。在编织刺绣中，只使用一种锁针针法，在搭好绣线框架的线迹上锁绣。（如图2-46所示）

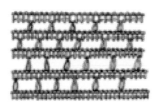
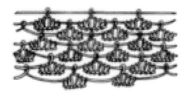

图2-46 锁绣

交织绣：是将绣线横、纵交织绣在一起，排列组合成图案。（如图2-47所示）

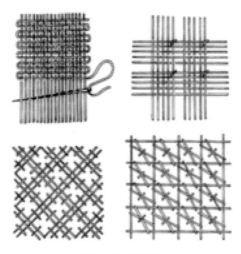

图2-47 交织绣

编绣三角形花纹：是一种点状的装饰性刺绣。多选用丝光绣线绣制，可增加图案的光泽。（如图2-48所示）

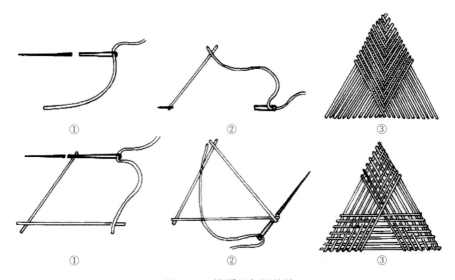

图2-48 编绣三角形花纹

三、垫绣手针工艺技法

包梗绣：先走一行齐针或柳针，再作包梗绣针法。绣时用绣线缠绕住芯线，绣出的线迹具有凸起的浮雕效果。（如图2-49所示）

图2-49　包梗绣

垫线绣：又称"加垫平绣"。先按照图案形状铺针，铺针绣线应注意交错排列。也可以铺一层横线，再铺一层纵线，最后在铺线上面刺绣一层缎面平针绣，这样浮雕效果明显。（如图2-50所示）

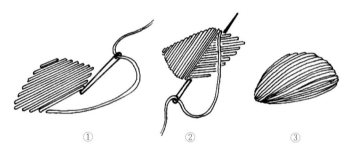

①　　　　　　　②　　　　　　　③

图2-50　垫线绣

垫绣：是潮州堆绣独特的针法。它是在绣制之前，先在图案花纹部位垫上棉纱，然后在其上绣花，绣成后具有浮雕般立体感。依据不同制品的图稿形状，先用羊毛或棉花垫底，上盖各色绸缎，然后按图刺绣，有的还补充局部描绘。这样绘出的作品，图案玲珑浮凸，有立体感，效果近似浮雕。（如图2-51所示）

图2-51　垫绣

铺线绣：是垫绣的一种变形针法。先铺针绣出垫线的形状，在铺线的上面，做各种刺

绣线迹，而刺绣线迹不需要盖住铺线，形成图案效果。（如图2-52所示）

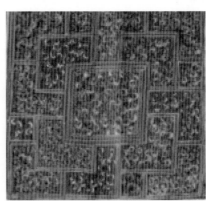

图2-52 铺线绣

垫金币绣：针法比较灵活，目的是将金币固定在盛装上。在欧洲的民族服饰中，使用金币垫绣在盛装上进行装饰非常普遍。（如图2-53所示）

图2-53 垫金币绣

垫镜绣：在传统的俄罗斯民族服饰上应用普遍。据说是古代印第安人的一种工艺技法，垫镜片或锡片，使用直针交织或用绣线作网格，形成装饰图案。（如图2-54所示）

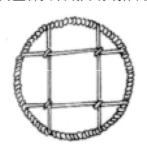

图2-54 垫镜绣

练习题

1．设计：为某职业装的左胸设计一个标志，图案规格5cm×5cm。

要求：①设计内容与某职业相匹配，如护士服左胸的"十字"形表示救护的标志等，设计风格不限，但要求设计合理，画面有一定的内涵；②字体的颜色要体现职业特点。

2．手绣：使用所学的各种针法组合，注意力求针脚均匀，精致细密，最后要熨烫平整。

3．布展

① 手绘稿展示：要求在规格120cm×240cm的宣传版面（A）上布置；

② 手绣作品展示：要求在规格120cm×240cm的宣传版面（B）上布置。

4．评分

展示时间：一周；评定等级：优、良、较好；优秀作品参加校园科技节活动展示。

第五节 抽纱工艺技法

一、简述

抽纱是针对梭织材料进行再加工的一种手工艺技巧，属于刺绣手工艺中的一种技法。它是使用亚麻布或棉布等梭织材料，根据图案设计的需要，抽掉部分经纱线或纬纱线，改变梭织材料的原本结构，使材料形成疏密不一，出现有规律的间隔呈带状或网状的空纱现象。然后，在空纱的空隙处，选用各种刺绣针法加以连缀、勒丝，重组织物结构，使材料表面出现较明显的勒迹、空隙和手针织绣的图案，形成"透、空、凸、凹"的感觉，从而产生装饰效果。多用于制作窗帘、台布、手帕、高级时装、服饰品等。抽纱工艺主要产生于山东、河北、江苏、浙江等地。

抽纱工艺最初源于欧洲，流传到我国已有100多年的历史。由于此工艺具有勒丝的特点，因而受到织物材料结构的限制。我国抽纱工艺，在继承西方传统抽纱工艺的基础上，融入了东方手针刺绣的织绣针法特点，提高了技艺，创新了许多抽纱针法。如轻工桂花丝、重工梅花丝等，使抽纱作品产生强烈的疏密对比效果，在线色上改变了传统抽纱色彩单一、素雅的特点。

二、材料和用具

（一）布料

根据抽纱工艺特点，在选择布料时应注意，必须选用梭织材料，且经纱与纬纱的纱线必须相互垂直。平纹织物为最佳首选，其组织特点：经纱线、纬纱线每隔一根纱线交错一次；平纹组织交织点最多，使织物坚牢、耐磨、硬挺、平整，弹性较小，不易变形，光泽一般；平纹组织经纬纱交织次数多，纱线不能靠得太紧密，因而织物的密度不会太大；平稳织物具有正、反面的组织外观效果相同的特点，经纬浮点各占50%，因此表面平坦。

平纹组织在织物中应用最广泛，种类及名称有：①棉织物：府绸、细布、平布等；②毛织物：凡立丁、派力司、法兰绒等；③丝织物：电力纺、乔其纱、塔夫绸等；④麻织物：夏布、麻布等；⑤化纤织物：人造棉、涤丝纺、尼龙绸、涤棉细纺及一些毛涤薄花呢等。其中亚麻布和棉麻漂白布最适用于抽纱工艺。（如图2-55所示）

亚麻布是用亚麻纤维做原料，经湿纺纱制成的平纹织物。其经纬纱多用22公支 [1] 或19公支单纱。亚麻布平挺且伸缩性小，吸湿、散湿快，易洗快干，散热性好，穿着爽挺舒适。其缩水率为2%～3%，色泽以漂白为主，是最适宜制作抽纱绣品的基布。（如图2-56所示）

图2-55 平纹布

图2-56 亚麻布

棉麻漂白布是用亚麻纱作经、棉纱作纬的平纹交织漂白织物。棉麻漂白织物的经纱为32公支亚麻纱，纬纱为30号棉纱。其外观特征与亚麻漂白细布相似，平挺、光滑、洁白、吸湿、散湿性能好，穿着爽滑透凉，舒适耐用，最适宜制作抽纱时装及抽纱绣品。

（二）线

抽纱工艺的主要技巧：一是抽掉织物中部分经纬纱线；二是运用刺绣手针工艺去绣制织物，重组织物的结构。因此，线是抽纱工艺中不可缺少的重要材料。

1. 线的选配

根据梭织平纹材料的厚度设计抽纱作品的图案，再根据图案的特点选用适合表现图案的刺绣针法，最后根据针法配线。

2. 线的种类

绣花线：用棉纱、毛纱、蚕丝、黏胶丝或腈纶体纱捻制而成的股线多为双股。绣花线条干均匀，年度较松，光亮洁净，颜色有200多种。

亚麻细布上的经纱或纬纱：从亚麻细布上抽下来的经纬纱线，直接用于绣制抽纱后的装饰图案。其性能、缩率、色泽与抽纱基布一致，使抽纱绣品具有"线色一致、简朴素雅、花纹柔和"等视觉效果。

（三）用具

1. 手针

刺绣手针：刺绣手针的针孔长而大，但针尖细而锐利，不易磨损丝线。抽纱常用刺绣

---

[1] 公支，即公制支数，单位重量（每千克）纱线在公定回潮率时的长度为千米的倍数（常以Nm表示）。现称"特克斯"，简称"特"。

手针多为3～5号。

绒线手针：是一种圆尖形的针，针孔特别长而大，但针尖圆滑不锐利，这种针是在刺绣线很粗时，或者布纹稀疏的情况下使用。

2. 花绷

手工抽纱刺绣时，常选用30cm直径的圆形竹制花绷，使用前应用细砂纸轻轻将竹刺打磨干净，再用细布白带缠绕花绷内环。

3. 剪刀

应选用刺绣专用手剪，刀刃锋利，刃尖细长而翘。

三、抽纱工艺基本技巧

1. 单抽经纱线和纬纱线

在制作前，首先考虑抽纱的图案排列方式。单抽经纱线时，图案排列方式为纵向；单抽纬纱线时，图案排列方式为横向。要确定织绣的针法以及图案的宽度，再考虑抽掉布丝的数量。

单抽经纱线或单抽纬纱线，均能形成二方连续图案效果。

2. 抽掉数量相同的经纬纱

在制作前，首先应考虑图案的布局，确定具体的刺绣针法，再根据各自的针法特点，决定抽掉同等间隔经纬纱的布丝数量。这种抽纱方式，适用于区域性四方连续的抽纱工艺几何图案。

3. 抽掉数量不同的经纬纱

在制作前，首先应考虑不同图案同时排列在一起的变化规律以及整体效果。然后选择几种不同的刺绣针法，再根据各自针法的特点，决定抽掉数量不等、间隔不等的经纬纱线。这种抽纱的方式适用于一个或几个单独纹样的图案设计。

4. 抽纱工艺操作步骤

先用手针将准备抽纱的区域用"柳针"沿边缝好；用剪刀剪断准备抽掉的布丝，再用手针将剪断的布丝挑出；最后，在沿边柳针线迹处，用剪刀将抽出的布丝线头剪掉；将抽掉布丝后的抽纱绣品基布绷在花绷上，绷平，调正经纬纱后，即可进行手针织绣。（如图2-57所示）

图2-57　抽纱织绣工艺品

服饰手工艺

四、针工织绣技法专用符号

（一）棍丝织绣专用符号

在抽纱工艺中，棍丝织绣是指带状的二方连续抽纱织绣图案或平行排列的二方连续抽纱织绣图案。常用的棍丝织绣专用符号见表2-4。

表2-4　抽纱棍丝织绣图案专用符号

名　称	符　号	名　称	符　号
包梗丝	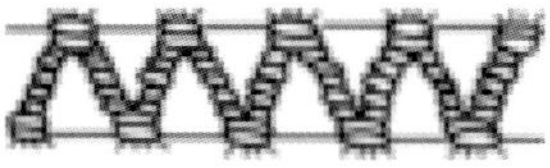	编纱针丝	
平针丝	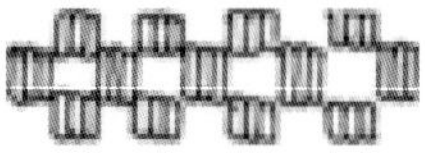	上下回针丝	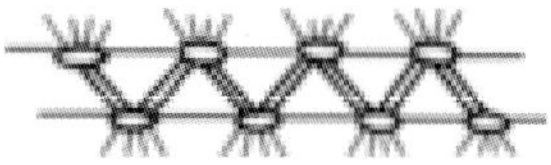
八字针丝	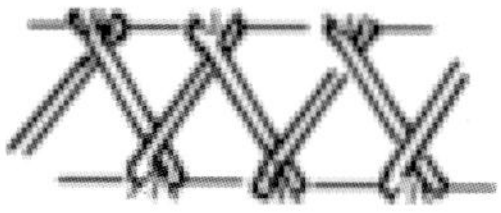	菱花针丝	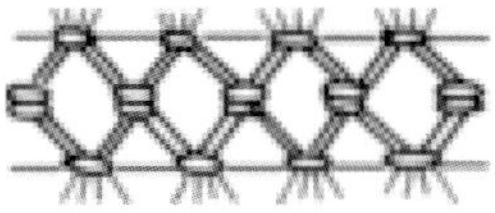
扣锁丝	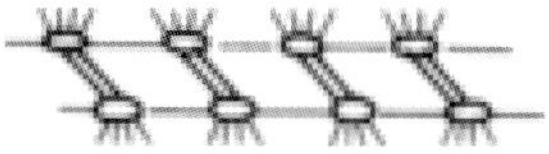	十字针丝	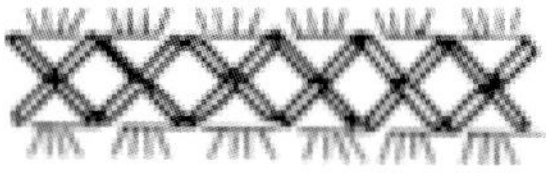
一束丝	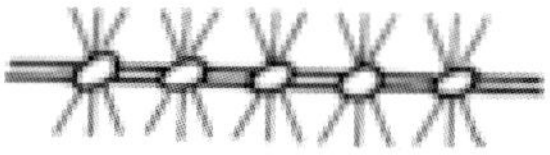	蜂巢丝	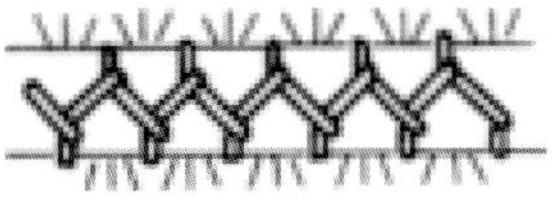
上下套针丝			

（二）区域性织绣专用符号

在抽纱工艺中，区域性织绣是指同时抽掉同等数量的经纬纱线后，在抽纱绣品基布上形成的网格状织纹组织，适合织绣四方连续的抽纱图案。常用区域性织绣专用符号见表2-5。

表2-5　抽纱区域性织绣图案专用符号

名　称	符　号	名　称	符　号
轻工桂花丝	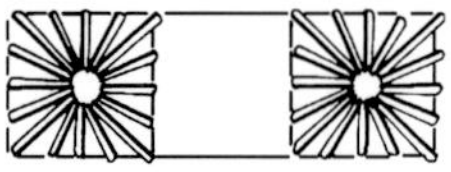	孔尾丝	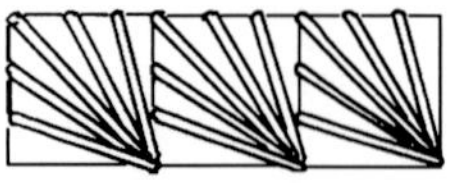
雪花丝	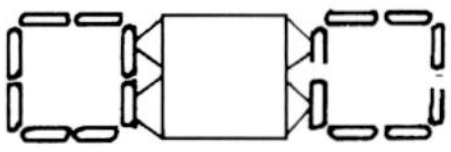	勒丝扒眼丝	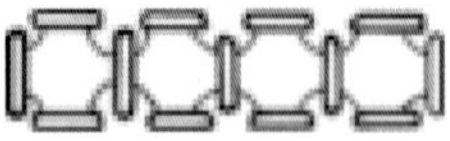
串珠丝		方影丝	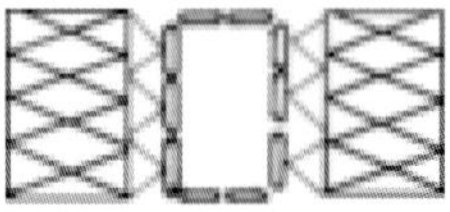

续表

名　　称	符　　号	名　　称	符　　号
枣花丝		重工梅花丝	
钱眼丝		交叉丝	

五、针工织绣操作技法

（一）棍丝针工织绣操作技法

1. 锁针的操作步骤

确定制作图案的位置，单抽掉纬纱线5根；将剪断的纬纱线头用手针依次挑出，至所需长度止，纬纱线头的处理方法是依次将抽出的纬纱线头穿入针孔，用手针编缝在基布的经纬纱缝隙内；在抽掉纬纱的空隙处织绣锁针，分组固定经纱线，自右向左织绣，绕住两根经纱线锁绣一针。锁针在抽纱织绣针法中最常用，主要用于布丝的分组固定。（如图2-58所示）

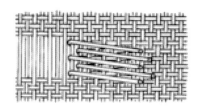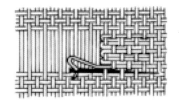

图2-58　锁针织绣

2. 包梗针的操作步骤

根据包梗针图案的宽度，决定单抽掉纬纱的数量；固定剪断纬纱线头的方法；在抽掉纬纱的空隙处，织绣锁针，分组固定经纱线；在分组锁好的经纱线上，织绣包梗针，自右向左进针，由上向下，反复在一组经纱线上缠绕；当手针绕至经纱下端的锁针处停止，自右向左横跨下一组经纱线，再由下向上反复缠绕。这样，将所有的经纱线依次缠绕住，即形成包梗针图案。（如图2-59所示）

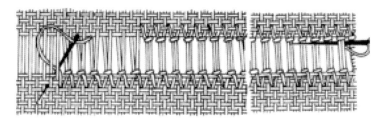

图2-59　包梗针织绣

3. 编纱针的操作步骤

确定编纱图案的宽度，根据图案所需宽度抽掉12根纬纱线；在抽掉纬纱线后的经纱线上，用绣线连续平行错位编绣经纱线，形成二方连续图案。（如图2-60所示）

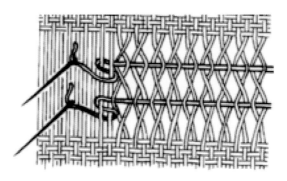

图2-60　编纱针织绣

4. 十字针的操作步骤

根据十字针图案的宽度，决定抽纱的间隔；先单抽掉2根纬纱线，间隔4根纬纱线，再单抽掉2根纬纱线。织绣步骤：将线头打结后，由基布反面进针，正面出针；自右向左横进针，针尖挑起4根经纱线后出针；行针针步是进4退2，自右向左进针挑4根经纱线后出针，然后向右退2根经纱线；由出针点进针，再向左进针挑4根经纱线后出针；然后再向右退2根经纱线后进针，反复运针自右向左织绣一行，完成1/2十字针图案。另起一行，由起针点出针，先向右退2根经纱线后，由右向左进针，针尖挑起4根经纱线后出针，两行针脚相对，形成十字针图案。（如图2-61所示）

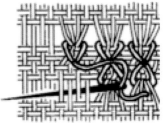

图2-61　十字针织绣

（二）区域性织绣针工操作技法

1. 枣花丝图案的操作步骤

先单抽掉3根经纱线，间隔5根经纱线后，再单抽掉3根经纱线，依此类推；单抽掉3根纬纱线，间隔5根纬纱线后，再单抽掉3根纬纱线，依此类推，形成区域性网格状。枣花丝图案是在串珠丝图案的基础上，再织绣一行竹节针后形成的。竹节针的织绣步骤：在串珠针图案的基础上，与串珠针的排列垂直，由方格的一角进针；出针后，由串珠针图案的上面倒针，回到进针处，绣线打一扣结后，再出针，完成枣花丝图案的织绣。（如图2-62所示）

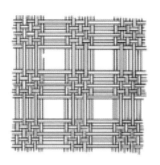

图2-62 枣花丝织绣

2. 重工梅花丝的操作步骤

先抽掉3根经纱线，间隔9根经纱线后，再单抽掉3根经纱线，依此类推；再单抽掉3根纬纱线，间隔9根纬纱线后，抽掉3根纬纱线，依此类推，形成区域性网格状；在抽好纱的网格内，织绣梅花丝，每隔3根布丝回绕一针，顺时针方向围网格织绣一周，为一个梅花丝图案；在织绣重工梅花丝时，按网格对角线排列，一行梅花丝图案，一行绕回针图案，交错排列，绕回针织绣针法为"倒回针"，逆时针方向绕网格一周，就形成梅花丝织绣图案效果。（如图2-63所示）

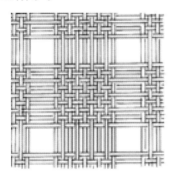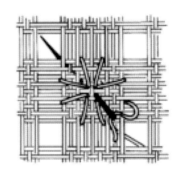

图2-63 重工梅花丝织绣

3. 交叉针的操作步骤

先抽掉5根经纱线，间隔4根经纱线后，再单抽掉5根经纱线，依此类推；单抽掉5根纬纱线，间隔4根纬纱线后，再单抽掉5根纬纱线，依此类推，形成区域性网格状。织绣步骤：首先在留下的4根经纱线、4根纬纱线上织绣交叉针，交叉针的基本针法为"双绕环针"。（如图2-64所示）

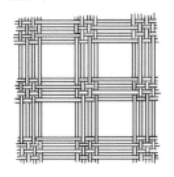

图2-64 交叉针织绣

抽纱织绣工艺品,适用于装饰性强的室内陈设用品。由于其色牢度和耐磨牢度较差,且亚麻材料洗涤后硬度降低,易出现褶皱,会影响抽纱织绣作品的效果,所以抽纱作品多设计为台布、餐巾、枕巾、茶几罩和服饰用品的花边装饰。(如图2-65所示)

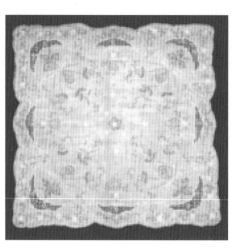

图2-65　抽纱工艺品桌布

练习题

1. 简述抽纱工艺的基本特点。

2. 抽纱的基本技巧有哪几种?

3. 简述抽纱的基本操作步骤。

4. 任选两种以上织绣方法,设计一套30cm×30cm的织绣作品,要求设计合理、实用性强、整烫平复,有观赏价值。

第六节　珠绣工艺与技法

珠绣工艺又称钉珠钉饰,是选用彩色玻璃料珠、金属亮片进行缀缝的具有特殊装饰效果的手工技艺。据考证,我国珍珠的传统产地广西廉卅(今合浦),在汉代已盛产珍珠,晋代已闻名全国,到唐代大历年间,朝廷在广西设立珠官,将采集的珍珠运送进京,供宫廷享用。传说唐朝同昌公主诞生时,有神丝绣被"绣三千鸳鸯,间以奇花异叶,其精巧华丽绝壁,其上缀以灵粟之珠,如粟粒,无色辉焕"。其虽为传说,但说明珠绣在唐代已广为使用。《清代野史大观》记载一件宫廷轶闻:善于献媚的直隶总督袁世凯献给慈禧太后一件以无数珍珠绣成的衣服,其中红宝石绣成芍药,翡翠绣成绿叶,因分量过重而遭搁置。近年来,时装上的装饰原料,除各色粒珠、管珠、革片外,还利用扣饰、带饰、贝壳等进行

钉饰，随着珠绣工艺的发展，其实用性和灵活性更强。（如图2-66、图2-67所示）

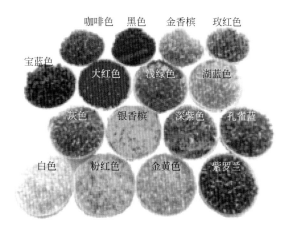

图2-66　管珠色号

图2-67　粒珠

🎀 一、珠绣工艺的基本针法

1. 散珠排列穿钉法

选用"绗缝针"法，自右向左行针，绗一针，穿一珠。图案由单粒排列组合，注意珠间距和行距要相等。

2. 单颗回针钉珠法

自右向左走回针，出针后穿一颗珠后，倒一步进针，越过出针空一步后出针。出针后再穿一颗珠后，再倒一步进针。单颗回针钉珠法比散珠排列穿针法更牢固，但速度稍慢，仅适用于小颗粒钉缀。（如图2-68所示）

图2-68　单颗回针钉珠

3. 单颗粒珠双回针钉珠法

此针适用于钉缀大颗粒料珠。双线迹由两次回针形成，钉缀牢固，不易转动。

4. 管珠绗缝排列法

以绗缝法进行钉缀，钉一针穿一颗管珠，反复穿钉排列组合成各种图案。(如图2-69所示)

图2-69 管珠绗缝

5. 散珠回针交错钉珠法

此种方法是在"散珠排列穿钉法"的基础上，改变了行针轨迹，这样可拉开珠间距，线迹交错在面料反面。适用于面积较大的区域性钉饰。(如图2-70所示)

图2-70 散珠回针交错钉珠

6. 编串钉珠法

先钉缝一针，将线带出布底，然后穿一定数量的粒珠，再钉缝一针。每钉缝一针，均要穿数量相等的粒珠，进行排列，组合成图案。这种方法仅限于微型珠粒的钉缀。

7. 扣线钉珠法

先用线将粒珠穿成一串，然后用坝针法，将串珠固定在衣料上。

8. 两边钉针法

在亮片的两边各钉一针，使用回针法，连续走针固定亮片。(如图2-71所示)

图2-71 两边钉针

9. 打结封钉亮片法

运用打籽针法，封盖亮片上孔，可不露线迹。这种方法适用于小型微孔亮片。

10. 钉珠封钉亮片法

用粒珠封盖亮片上孔，其装饰效果好，取代打籽封盖，牢固不易脱散。(如图2-72所示)

图2-72 钉珠封钉亮片

11. 回针连续盖钉亮片法

使用回针针法，仅在亮片一侧钉线，每片接续重叠覆盖线迹，似鱼鳞状组成图案。（如图2-73所示）

图2-73　回针连续盖钉亮片

12. 单边双线钉片法

适用于钉缀规格大、分量轻的金属亮片，每孔走两次回针，钉缝较牢固，重叠亮片盖线美观。

13. 双孔亮片钉缀法

用于散点双回针钉缀大型亮片，属区域性满地绣，以回针为基本针法。

14. 钉缀装饰革片法

根据革片的薄厚，可以使用机缉或各种刺绣针法来固定。（如图2-74所示）

图2-74　钉缀装饰革片

二、雕绣工艺

雕绣工艺又称镂空绣，亦称"刁绣"，是抽纱中用布底绣花的主要手工艺，全国各地产区均有生产。针法以扣针为主，有的花纹绣出轮廓后，将轮廓内挖空，用剪刀把布剪掉，犹如雕镂，故得名。雕绣包括"全雕绣"或称"纯雕绣"和"半雕绣"。主要用于制作台布、床罩、枕袋等为主。雕绣所采用的棉布、麻布和线色都较淡雅，如在白布上绣白花，米黄色布上绣白花等。雕绣的针法变化多种多样，各地区具有不同的特点。江苏各地的雕绣以常熟为代表，在制作上除扣雕外，还结合包花、抽丝、拉眼、打子、切子、别梗等工种和针法；山东烟台地区的雕绣，通称"棉麻布绣花"，或称"绣花大套""麻布大套"等，绣法有插花、扣锁、打切眼、梯凳、抽丝、勒圆布、衲底、打十字等，产品重工（即艺术加工量大）较多；浙江、广东和北京等地区的雕绣，绣法均大同小异，一般为"扣花"。（如图2-75所示）

图2-75　雕绣工艺

服饰手工艺

雕绣花边的制作工艺：①将印有图案的麻布或棉布等花边面料紧绷在由两条平行木棍撑成的木绷上；②先沿图案的外轮廓线以3～5支棉线合股的粗棉线刺绣铺钉，称为铺底；③顺其铺底的棉线施以扣针，在用针上要扣紧、拉齐，使针迹均匀，不露铺底的棉线，不使图案走形；④各个图案之间的空白处也在面料上铺底，并施以扣针，以便连缀；⑤用剪刀剪去图案外的底布，形成雕镂，使花边产生立体的、多层次的效果。

雕绣花边的图案大多为牡丹、葡萄、菊花、忍冬花、月季、缠枝莲、大卷草等。构图要求严谨，层次分明，图案线条流畅。针法则以扣针为主，配合抽丝、扣眼、行针、齐针、平绣、垫绣、缠柱、扭鼻、织粽等技法。作品花纹满布、通体雕镂、富丽华贵，犹如一朵花开到满树花开遍，雕绣工艺已从最初的雕、包、绕发展到有抽、拉、镶嵌等100多种。

据湖南长沙楚墓出土的刺绣品考证，春秋战国时期，扣针已普遍运用。汉代以后，扣针成为民间刺绣的主要针法，用于衣裙、枕袋、鞋、帽及锁边、锁扣眼等。扣针绣完后，用小剪刀把需要镂空的底布剪去，衬出纹样，形成具有立体感的雕绣花边，是欧洲针绣花边的传统技法。

雕绣工艺起源很早。在4～5世纪的古埃及墓葬中便有运用雕绣工艺技法的绣品。16世纪，意大利威尼斯成为欧洲雕绣花边的中心。17世纪法国路易十四王朝期间（1643～1715），雕绣花边也很兴盛。19世纪，西方雕绣花边逐渐衰落，至1930年后在欧美国家已基本消失。

中国雕绣花边是19世纪末由欧洲传入的。清光绪二十六年（1900），山东烟台的外国商行进口欧洲麻布作为面料，组织当地生产麻布雕绣花边，向美洲销售。经过几十年的发展，已成为胶东地区的传统手工艺品。雕绣花边由于以扣针为主，且通体雕绣而镂空，所以称为"满工扣锁花边"；又因以山东威海生产的最为著名，在国际市场上称为"威海卫工种"。20世纪80年代以来，山东雕绣花边行销美国、加拿大、巴西、意大利、联邦德国、西班牙、瑞士、澳大利亚、日本等国。

练习题

1. 简述抽纱的工艺技法。

2. 列举针工织绣的操作技法。

3. 简述雕绣的制作工艺。

4. 名词解释：

镂空绣　抽纱工具

5. 小商品市场调研：收集各种类型、不同形状的珠饰、亮片、革片，根据其不同形状，均匀地封钉在样品布上进行展示。要求底布色彩为白色或亚白色；规格为30cm×30cm。

6. 下节课准备：购买中国绳5m或长鞋带四根；购买绒线钩针一套或一枚（注意型号要与中国绳或鞋带配套使用）。

第三章　钩针、绳结、中国结工艺与技法

服饰手工艺

第一节　钩针工艺与技法

一、钩针工艺简述

据考古专家分析，在公元前2500年左右，古代印加人使用的布料，大部分为编织品，而这一地区正是绳结工艺的发源地之一。由此，我们可以推断，与原始的纯手工绳结工艺相比，钩针编织具有很多优势：一是只需使用一根线绳，任意地变化编织的结构，即可随心所欲地编织成你想得到的布料；二是在纯手工绳结的基础上，发明了简单的编织工具，用一根构造简单的竖针，可将编织速度提高数倍；三是钩针编织的线套，在编织过程中，永远只有一个套钩在针上，不会出现丢针、脱针、漏针现象，因此在钩针编织过程中不会因掉针而返工；四是钩针编织的针法图案种类繁多，变化灵活，组合随意，得心应手。正是钩针编织工艺具备的上述优势，使钩针技术得到了快速发展。

二、钩针工艺的材料与用具

（一）钩针编织工艺所需材料

1. 天然纤维
天然纤维是自然界生长和存在的可用于纺织或用作增强材料的一类纤维，包括植物纤维、动物纤维和矿物纤维等。毛线，包括绵羊、山羊、骆驼、兔子等的毛织成的线、蚕丝线、棉线、麻线等。毛线质地轻柔，保温性好；丝、棉、麻线，具有透气性、吸湿性好等特点。

2. 化学纤维
化学纤维是经化学或物理方法改性的天然聚合物或合成聚合物为原料制成的纤维，包括再生纤维、半合成纤维和合成纤维以及用它们织成的线。化纤具有防虫蛀的优点，且质地坚牢，价格便宜。

（二）钩针编织工艺所需用具

1. 钩针
针尖上有钩的针，多用金属材料制成。（如图3-1所示）

2. 珠头针
在钩织特殊花型时，临时使用珠头针固定线套。（如图3-2所示）

3. 别针
将两片织物缝合在一起时，可先用别针固定。（如图3-3所示）

图3-1　钩针

图3-2　珠头针

图3-3　别针

✿三、钩针编织的基本技法

1. 钩针编织针法专用符号（见表3-1）

表3-1　钩针编织针法专用符号

名　称	符　号	名　称	符　号
锁针	○	长针交叉针	
短针	＋	十字交叉针	
中长针	Ｔ	外钩变形长针	
长针	Ｆ	内钩变形长针	
长针三针并一针	开	龙形针	士
长针三并一销针	本	小竹叶针	不
中长针三并一球针	西	Y字针	Ｙ
长针三并一球针	西	七宝针	古
长针回并一球针	西	松叶针	叢

2. 钩针编织的基本针法

钩针的拿法：用食指和拇指在距针尖4cm左右的位置，捏住钩针；再用中指轻轻压住

服饰手工艺

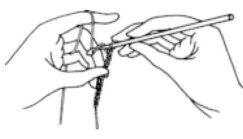

图3-4　锁针

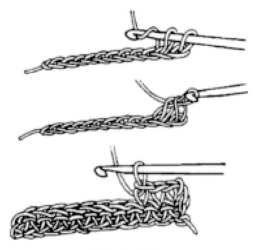

图3-5　短针

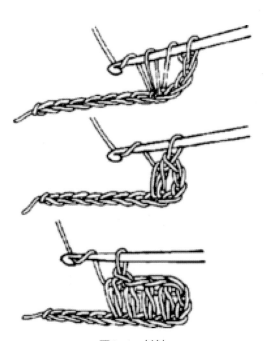

图3-6　长针

钩针的针柄，同时中指还起着压线的作用。

线的拿法：用左手拿线，然后食指将线挑起，用拇指和中指将线头捏住。

起针的方法：左手拿线，右手持针，将钩针插入左手的线套内，将线绕在钩针上，勾住线套后，同时将绕在针柄上的线，带出线套，构成一个新线套。

锁针：又称"辫子针"，是用于起针的基本针法。（如图3-4所示）

短针：钩织方法为向上作一针锁针后，用钩针向前插挑一个线套后，用钩针绕线，然后将钩针向右退出，同时将针柄上的绕线带出，两针并一针，形成一个新线套。（如图3-5所示）

中长针：也称"单长针"。方法是起一行锁针，向上加高两针锁针，用钩针向左绕线，并向左挑起一个线套后，再用钩针向左绕线，向右退出线套，将针柄上的绕线带出，三针并一针，形成一个新线套，反复钩织，则形成一行中长针图案。

长针：起一行锁针，向上加高三针锁针，然后用钩针向左绕线，并向左挑起一个线套后，再向左绕线，向右退出两个线套，将针柄上的线套带出，两针并一针，继续向左绕线后，再向右退出两个线套，将针柄上的线套带出，两针并一针，形成一个新线套，连续按上述方法钩，则形成一行长针图案。（如图3-6所示）

3. 变形针法

大长针：又称"最长针"，与长针针法基本相同，只是重复了一遍两针并一针。

球形针：①先连续钩出3个中长针图案，然后将3针平行排列的中长针并为1针，形成一个球形针，再连续锁3针；②与长针3针并1针的钩织方法相同，只是并1针后再连续钩3针锁针；③与长针4针并1针的球形针法相同，只是再多钩织一个长针图案。

长针交叉针：基本钩织方法与长针的钩法相同，只是在钩织的过程中使2个长针交叉一下，则出现变形图案效果。

　　十字形针：基本钩织方法与长交叉针相似，但在钩织2个交叉的长针时，应加大间距，从而形成十字针图案。

　　外钩变形长针：先钩织一行中长针图案，然后自左向右返回一行叠针；在向左钩织第二行中长针图案时，由叠针下面钩起一个线套，做中长针，从而形成外勾变形长针图案。

　　内钩变形长针：基本钩织方法与外勾变形长针相同，只是改变第二行中长针的钩线位置，从内侧钩线。

　　龙形针：用短针钩织一行，由左向右返回一行叠针后，再向左钩织一行短针图案。

　　小竹叶针：基本针法为短针，连续平行钩织4针短针后，并为一针，形成一个小竹叶针图案。

　　Y字形针：基本钩织针法为长针，形成"Y"字形的钩织方法。

　　七宝针：基本钩织针法为锁针。（如图3-7所示）

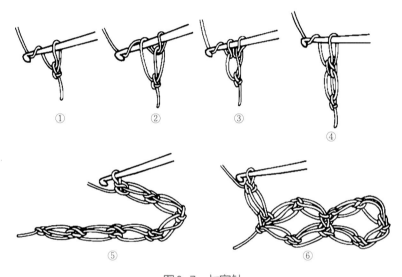

图3-7　七宝针

　　贝壳形针：基本钩织针法为长针的变形排列，形成贝壳形针法图案。

　　背面短针：基本钩织针法为短针的排列组合。

　　松叶针：基本钩织针法为长针的变形排列组合，与一行叠针交替钩织形成松叶针图案。（如图3-8所示）

图3-8　松叶针

练习题

1. 简述钩针工艺。
2. 钩针编织工艺所需材料有哪些？什么是天然纤维？什么是化学纤维？其性能有哪些？
3. 简述长针的钩织工艺。
4. 用七宝针钩织一个手链；用松叶针钩织一个水杯垫。
5. 简述外钩变形长针和内钩变形长针的区别和联系。

第二节　绳结工艺与技法

一、绳结工艺简述

（一）绳结工艺的起源

在古文字出现之前，绳结记事在人们的日常生活中，已经起到了文字的作用。《易·系辞下》说："上古结绳而治，圣人易之以书契。"可见，采用绳结记事的方法，伴随着人类社会的不断发展。一件小事用一个简单的小扣结来表示；一件大事则用一个大扣结表示。结绳记事的表现形式，随着事件的增多，扣结的结法也越来越复杂。据史料记载，秘鲁发现古人记事的绳结，七彩斑斓，结扣各式各样，甚至长达数十米，有连环结等形式，说明绳结曾经有过记事的功能，并与人类文明的发展有着极为密切的联系。

用任何一种材质构成的线绳打出各种各样的结扣，或者将两根线绳连接在一起打结、系扣等均可称之为"绳结"。绳结具有广泛的使用价值与装饰功能。绳结历史悠久，可以追溯到远古时代。人类从猿向人的演化过程中，已经学会了制作简单的工具。他们用条状植物藤条、兽筋、皮革条等结绳套，拴猎物；用绳结网捕鱼等。

绳结工艺最初的形成，是以实用性能为主的。绳结用于制作服装，在东方的服饰历史演变过程中，始终没有出现过。而在西方，渔猎、游牧民族中，绳结工艺很早就出现在服装上了，并有"结网为衣"的说法。

绳结工艺运用在服装服饰上的历史，要早于第一枚骨针的出现。西方人类学家认为，在旧石器时代晚期，距今15万年以前的尼安德特人——智人阶段，已经会使用兽皮做衣。他们利用风力的燧石片，将兽皮上的肌肉刮去，用手揉搓或用牙齿将兽皮咬软，然后用兽筋、皮条捆住，结扣固定，这就是最原始的衣服。使用兽皮条、兽筋，将猛兽的牙齿扣结拴住，作为项饰佩戴，以表示猎人的功绩。这些以绳结固定服装、饰物的方法，被认为是最早出现的绳结技艺。

绳结服饰的形成其原因很简单，主要有两个方面：一是取材广泛，各种草、麻等植物纤维，棉、毛、丝等纤维，以及各种条状物均可用于绳结工艺；二是取材方便，工艺简单，透气性能好，穿着舒服。

（二）绳结材料与用具

1. 绳结工艺常用材料

绳与线的种类非常多，每种绳与线的粗度、结构、形状不同，编出的扣结效果也各不相同。在选择绳材时，必须根据结的用途，来确定绳材的粗度、质地及形状。

绳的粗度：以绳的截面直径来确定，1mm ~ 30mm不等。

绳的材质：可分为天然纤维类与人造纤维类两种。常用的绳材有尼龙丝绳、棉线绳、绒绳、绒条、麻线绳、毛线绳、人造丝绳、尼龙辫绳、双股线绳、四股线绳、丈绳、蜡线绳等。

绳的结构：有合股绳、编织绳、生革条，植物的根、茎、枝、皮，动物的筋腱、毛皮等。

2. 绳结常用工具

一般绳结不需要什么专用工具，灵巧的双手是必备的。此外，只需一些小用具。

固定绳结用的腰卡、芯杆、固定钉、画框等。

在编结过程中，需用一些简单的辅助工具，如长柄镊子、珠头针、大头针、剪刀、量具等。

在绳饰上钉缀装饰物的工具，如钩针、手针、胶、缝纫线等。

✿ 二、实用绳结技法

在人们的日常生活中，经常会使用绳捆绑东西，在一根绳上打结，或将两根绳结在一起，是最基本的实用绳结技术。

1. 打扣结

结绳记事，小事用一个小结表示。小结是最古老、最实用、最基本的结。（如图3-9所示）

2. 平扣结

常用来连接一条线绳的两头，或者是将两根线绳连接在一起，此种扣结又被称为"终结"。（如图3-10所示）

图3-9 打扣结 　　　　　　　　　　　　图3-10 平扣结

3. 手扣结

据说这种结是用绳绑扎囚犯双手的，用力收紧绳套后，再打一个平扣结，非常结实。（如图3-11所示）

4. 绳梯结

传说在古代战场上用于攻城时使用的一种绳梯的绳结。可以根据城墙的实际高度任意延长绳梯的长度。（如图3-12所示）

5. "8"字接结

"8"字形状的接结，主要用于连接、加长两条绳索的长度。（如图3-13所示）

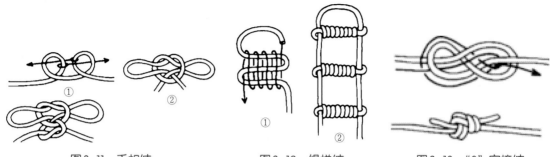

图3-11 手扣结　　　　图3-12 绳梯结　　　　图3-13 "8"字接结

6. 渔人结

渔人结的基本结构是由两个单结穿套组合而成，其强度很高，便于水上作业。（如图3-14所示）

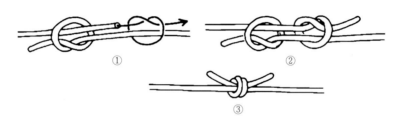

图3-14 渔人结

7. 单耳扣环结

单耳扣环结多用于金属环的连接固定上。结法简单、方便，解扣结时也非常容易。（如图3-15所示）

8. 牵引结

牵引结是一种救护时使用的牵引套结，又被称为"绳身扣圈结"。在一根很长的绳子上打很多相同的扣圈结套，以便多个救护者进行拖、拉牵引。（如图3-16所示）

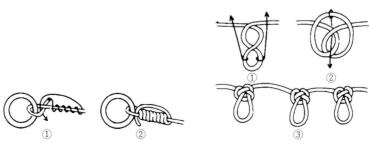

图3-15 单耳扣环结　　　　图3-16 牵引结

9. 活套结

活套结是捕猎物使用的套结，使用时将猎物套住，并将绳子拉紧，绳套会收小并捆紧猎物。（如图3-17所示）

10. 猎兽结

猎兽结是由两个扣结组合而成。使用时，两个扣结合并在一起，使结圈的大小不易变形。（如图3-18所示）

11. 多重绕圈结

多重绕圈结是在一根绳上反复绕几圈，以加粗绳结的体积，使绳结不容易松开。（如图3-19所示）

12. 重"8"字绕结

重"8"字绕结是一种绳头装饰结，又被称为"草履结"。在绳的两头打两个重"8"字绕结进行装饰，很像一双草鞋。在渔业生产中，也常用"8"字结将缆绳打结，加大重量，适用于抛掷绳头时使用。（如图3-20所示）

13. 纺织扣结

纺织扣结，常用于纺纱时断线的接扣结，使纱线的粗度一致。（如图3-21所示）

14. 伸长辫结

伸长辫结是一种结法简单的实用链饰。一般多用于钥匙链的辫结。辫结的长度可根据实际需要来决定，打辫结时，线绳的松紧要一致，辫结出的辫结图案会整齐美观。（如图3-22所示）

三、西洋绳结技法

西洋绳结工艺，据说创始于阿拉伯地区，"流苏花边"是阿语"装饰绳穗"之意，后传到意大利，受拜占庭艺术风格的影响，逐步形成精美的手工艺品。在当时常用于寺院内的装饰和僧侣服饰。到中世纪，绳结手工艺非常兴盛，特别是在威尼斯，结绳、饰带、披肩等十分流行。16～17世纪，欧洲女性的服饰中，常以丝绳编结各种饰带为时尚。

（一）西洋绳结的特点及适用范围

西洋绳结最明显的特点是有正面、反面的区别，

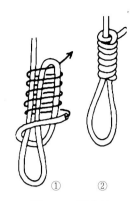

图3-17　活套结

图3-18　猎兽结

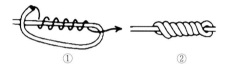

图3-19　多重绕圈结

图3-20　重"8"字绕结

图3-21　纺织扣结

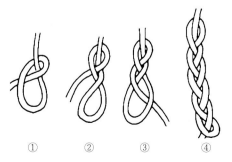

图3-22　伸长辫结

且两面反差很大。西洋绳结可构成二方连续的条状、带状图案饰带；同时可将若干条纵向二方连续带饰，横向连接，构成四方连续的面状壁饰。西洋绳结的用绳数量最少两根，最多不限。在编结时，可随意地增加或减少线绳的数量。绳结以装饰绳、穗为特点，编结后，对线绳的尾部，可不作任何修饰处理，自然下垂，形成独特的风格。

西洋绳结技艺使用范围广，可编结室内装饰壁挂、门窗帘、手袋、服饰、盆景装饰，还有茶艺用具的套、垫、灯罩等各种实用性、装饰性的结艺作品。

（二）西洋绳结的专用符号

西洋绳结的专用符号见表3-2。

表3-2　西洋绳结的专用符号

名　称	符　号	名　称	符　号
正山结		双钱结	
反山结		斜卷结	
双环扣结		横卷结	
圈式扣结		纵卷结	
左扭结		接结	
右扭结		链结	
左平结		回字结	
右平结		圈结	
七宝结		粒结	

（三）西洋绳结工艺技法

图3-23　起结

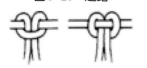

图3-24　正、反面山结

1. 绳结起结

首先，将固定绳的两端各打一个活套结；将钉子固定在物体上，然后将固定绳两端的绳套套在大头钉上，并将活套结收紧固定好；将断好的线绳对折，定出中心点后，开始起头。（如图3-23所示）

起结后，编一个山结，山结分正面山结和反面山结。（如图3-24所示）

双环扣结的编结方法是在反面山结的基础上，左右再重新编绕一遍，即形成。圈式扣结的编结特点是不易散开。

以上的几种西洋扣结比较结实，不易散开，均可以做流苏绳穗。

2. 编绳扭结

扭结的起头方法，与卷式扣结的编结方法相同，先编结两组卷式扣结；编结扭结以四条垂线绳为一组单元，先将左侧一垂线绳压在其他三条垂线绳上；以中间两条垂线绳为芯线柱，然后用右侧一垂线与左侧压在上面的一条线绳相互编穿，编穿时应注意左侧、右侧两端的垂线绳在编穿时，应将中间两根垂线芯柱夹在中间。

向左扭结，又称"左扭结"，编结方法是，永远保持左侧垂线绳在上面，压住右侧的垂线绳；向右扭结，又称"右扭结"，编结方法是永远保持右侧垂线绳在上面，压住左侧的垂线绳，而最左端的垂线绳，应压住右侧横过来的线绳后，绕至中间垂线，两根芯柱线绳的下面，向右侧方向抬起转折，进入右端线绳套内，使中间两根芯柱线绳夹在中间。（如图3-25所示）

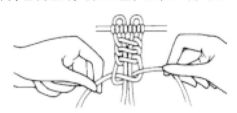

图3-25 编绳扭结

3. 左右平结

起头方法与旋转式平结的起头方法相同，编结两组卷式扣结，为一个单元。

将左端线绳从中间两根芯柱线绳的后面向右压住右侧的垂线绳，再将右端垂线绳抬起，向左压住中间两根芯柱线绳，然后向左插入左端线套后，将左、右两端线绳拉紧，使中间两根芯柱垂线绳夹在中心；与旋转式平结不同的是，左右两端垂线绳不是重复同样的编穿，而是做一左一右旋转平结；如此一左一右编结，则形成纵向带状的左右平结带饰。（如图3-26所示）

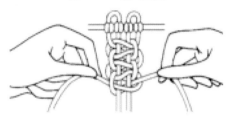

图3-26 左右平结

4. 七宝结

起头方法以环式卷扣结法，编结6～8组，有12～16根垂线绳为宜；以左右平结平行排列为第一行；在第一行左右平结的基础上进行错位，即在两组左右平结的空间处，各取两组的两根垂线绳，重新组成一组左右平结，使图案形成钱眼状；运用错位的方式，连续编结左右平结，则会形成四方连续的钱眼图案，即"七宝结"图案；运用七宝结进行变化，可组成各种不同的西洋结饰图案。（如图3-27所示）

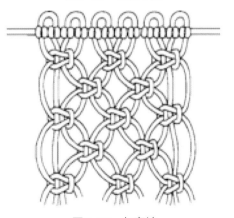

图3-27 七宝结

5. 双钱结

又称"四喜结"，起头方法按环式卷扣结。双钱结是由两根垂线绳编结成一个单独图案；运用双钱结一行一错位，连续编结，则会形成四方连续的网状钱眼图案。（如图3-28所示）

图3-28 双钱结

服饰手工艺

6. 卷结

卷结的基本方法：起头如同环式卷扣结的结法，卷结的起头数量以垂线绳12～16根为宜，编结开始，以左端垂线绳为芯线，其余垂线绳均卷绕在此芯线上，每根垂线绳都要卷绕两次。

斜卷结：编结方法简单，图案变化丰富，芯线呈45°倾斜，称为斜卷结。

横卷结：在编结时，取一根芯线柱横向拉，其后各个垂线绳均在芯线柱上作卷结，由左向右走完一行后，可转180°，反复绕编，连续作卷结时，绕线不要太用力，以免将芯线柱拉歪。

　① 　②

图3-29　接结

纵卷结：是在编结时将所有的垂线绳作为芯线柱，保持芯柱垂直，编结完一行卷结后，将长线绳180°转折为由右向左方向，继续作纵卷结，如此反复编结，则形成纵卷结图案。

7. 接结

接结是由两根线绳编结形成的二方连续条状带饰。接结的用线量是成品长度的10倍，而芯线柱的长度，基本与所需长度一致。接结的起头可按正山结的编结方法，在编结时，芯线柱要拉直，而编接结的线绳，将围绕芯线柱一上一下地编绕，形成接结图案。接结图案多用于饰带、衣服的领口等小部位的装饰。（如图3-29所示）

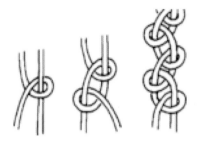

图3-30　链结

8. 链结

是由两根线绳相互交替，穿绕打结而形成的一种图案。链结在编结时，不宜用力过大，否则会破坏图案效果。（如图3-30所示）

图3-31　回字结即"卍"字结

9. 回字结

是由两根线绳编结而成的。先将一根线绳摆成"S"形，再将一根线绳绕出交错的"N"字形，然后将两根线绳拉紧。回字结正面的图案很像中国结中的"卍"——万字结的图案，但是反面的图案与"卍"字结不同。（如图3-31所示）

　① 　②

图3-32　圈结

10. 圈结

是由两根线绳编结而成的一种具有旋转螺纹效果的装饰结，多用此结编手链。圈结用线量的计算方法与接结一样。（如图3-32所示）

11. 粒结

是西洋结中技法最简单的一种，粒结只用一根线绳，自结打扣，很像实用结中的小扣结。一般多用于线绳尾部的穿珠打结装饰。（如图3-33所示）

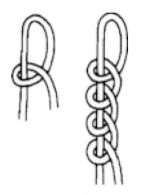

图3-33　粒结

练习题

1．简述绳结工艺。

2．列举实用绳结技法。

3．用中国绳编织一个七宝结或十枚双钱结，二选一。

4．男生为自己设计一款由绳结编制的个性化的背心；女生为自己设计一款有流苏造型的绳编裙。注意疏密得当、结式采用合理。

第三节　中国结工艺与技法

中国结是中国一种古老的民间传统工艺品，是古代传统服饰中不可缺少的装饰配件，中国结艺源远流长。在古代服饰中，玉佩是随身饰物，而玉佩上均有钻孔，便于穿绳系结之用。古代系结的种类繁多，寓意深远。如万字不到头、福禄寿喜结、莲花结、法轮结、九曲盘肠结、吉祥如意结等。中国编结艺术遍布民间百姓日常生活中，有发簪结饰、扇坠结饰、烟荷包结饰、蚊帐钩结饰、玉佩结饰、香囊结饰、宫灯结饰、彩灯结饰、手环结饰、项坠结饰等。

一、中国结的编结形式

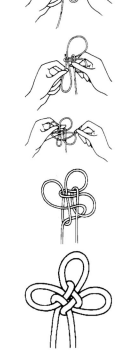

中国古代传统的结饰，不但要求结饰成形后造型完美，即在线路的排列上，左右对称，正反一致，而且更注重编结的过程。古人编结时，让线绳在手中盘绕，经过编、抽、修、缝等技艺，使编结线路井然有序。

1．手编"万"字结

"万"字是中国民间古老的吉祥图案之一，我们在许多民间手工艺品中，都能见到"卍"字形图案的应用。如袜底刺绣图案、石刻图案、木雕窗格图案等。万字不到头，预示着生命的无尽延续。（如图3-34所示）

2．手编莲花结

在中国结饰中，莲花结是最具特色、最具代表性的一种。在学习中国结艺时，民间老艺人通常传授编结技艺的第一个品种就是莲花结。

曾在北京文盛斋宫灯木刻厂的中国结编结老艺人鲁庆安老师傅，在传授编结技艺时说"只要学会了编莲花结，中国结的全部变化规律便了如指掌"。中国结的线路排列、编穿结构，左右对称、正反一致等

图3-34　"万"字结

服饰手工艺

图3-35　莲花结

经典要领，全部体现在莲花结中。

在中国古代的结饰中，莲花结为佛教礼仪饰品，在庙宇寺院内，莲花结饰品多悬挂在正殿门框上，以防止邪气入侵。在皇宫的宫灯上，多以莲花结配饰灯穗，装饰宫灯。莲花有"一尘不染"之美誉，莲花结的形状近似莲花，故得名。（如图3-35所示）

在莲花结编结基础上进行变化，形成单独六排盘肠结图案。

以上介绍了中国民间绳结老艺人最传统的编结方式，以示对民间古老手工技艺的追寻。

二、中国结的编结特点

（一）中国结的特点

中国结按其构成特点大致分为四类：

中国牌：多为单层结构的状片编结饰品；

中国结：多为双层结构的空心囊状编结饰品；

中国环：多为环状、球状的立体结构编结饰品；

中国穗：多为简状结构的空心流苏穗饰品。

（二）中国结的编结要领

1. 编

按照各种结饰的符号线路及纹理编。中国结比西洋节编结难度大，尤其对初学者来说更难。只有认真按线路编、绕，反复练习一种结的编法，直至熟练掌握。

编结的线路排列要有阵式，不能错位。初学时，应借助简单的工具，如针垫和大头针固定线绳。掌握一种基本结饰的编法，总结其编绕的规律，从而举一反三，就能掌握中国结的全部变化特征。

在编绕线路时，绳的排列应紧凑，不要太松散，这样可以节约线绳的用量。

2. 抽

按照各种结饰编绕的线路，细心地抽绳。中国结编绕线路正确只能算完成了编结的1/3，如果在抽绳时将线路搞乱，则会前功尽弃。因此，抽绳的工作需要心细，头脑清醒，不能乱抽。首先，要看清线路回折的顺序，然后再决定如何抽绳。抽绳时应顺着一根线绳，不间断地收紧，以防反复"拉锯式"循环抽。

3. 修

按照结饰的图案修整结的造型，常用的修饰方法有以下几种：

藏绳头：编结时，常有绳长不足需接长现象，待编结修整时，应考虑如何将接头藏好不外露。

做穗子：在中国结饰的绳尾，进行流苏穗的装饰，是一项重要的修饰工作。

调结耳：在编好抽紧中国结后，结与耳的大小比例关系，会影响结饰的整体图案效果，调整各个结耳环状大小，对结的整体造型很重要。

镶配饰：在编好中国结上镶珠饰、绕玉佩，使传统结饰锦上添花。

4. 缝

在制作好的中国结饰上，用线暗缝，加固定型也是十分必要的。经过细心修饰、暗缝加固后的中国结，在长期的使用过程中，不会松散、变形。

长盘肠结编结方法如图3-36。

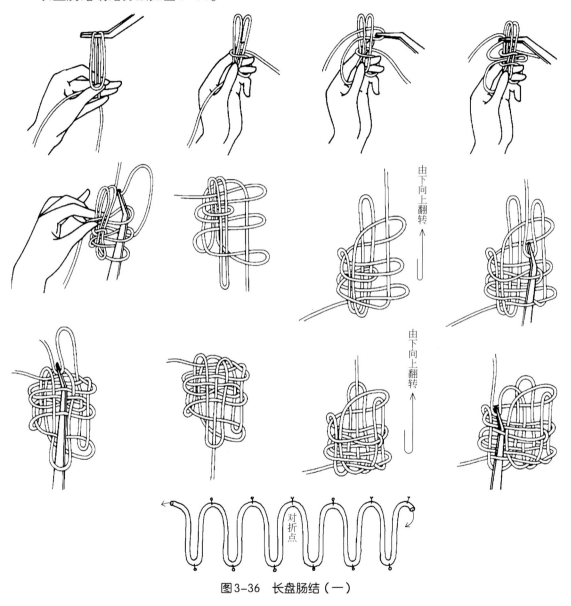

图3-36 长盘肠结（一）

🎵 三、中国结的编结技法

（一）长盘肠结编结技法

编结一个六头"卍"字长盘肠结，直径为2mm的线绳80cm长。

服饰手工艺

将线绳对折，折点用珠针固定；将左右两绳头编绕好，并用珠针固定。

先用右侧绳头，自右向左，挑一压一重复六次，然后将绳头回转自左向右，压一挑一重复六次，在线绳回折处，用珠针固定。

再将左侧绳头自左向右，压住12根竖向线绳，然后回转绳头，自右向左，挑起12根竖向线绳编绕，在线绳回折处固定。

使用左侧绳头编绕，将绳头回转，自下向上，挑一压三，绳头回转，自上向下，挑二压一挑一，一次重复两遍，在线绳回折处固定。

用右侧绳头编绕，将绳头回转，自下向上，挑一压三；再将绳头回转，自上向下，挑二压一挑一重复两次，在线绳回折处固定。

将固定线绳的珠针依次取下，同时轻轻抽紧线绳，修整结耳的长度，长盘肠结修饰完成。（如图3-37所示）

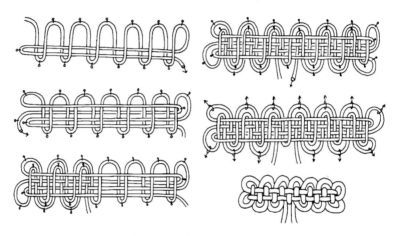

图3-37　长盘肠结（二）

（二）鲤鱼结的编结技法

鲤鱼结需用线绳直径4mm的线绳计算，需用线绳300cm。

鲤鱼结的起头从鱼尾开始，先将线绳对折，用珠头针固定，开始作鱼尾处的编结。鱼尾用线绳打两个双扣结，留线绳环约8cm。（如图3-38、图3-39所示）

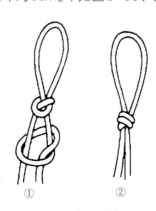

①　　　　②

图3-38　鲤鱼结起头

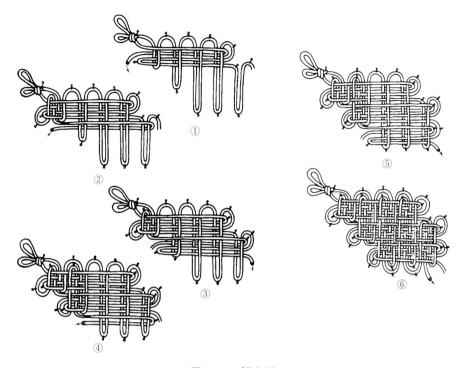

①
②
③
④
⑤
⑥

图3-39　鲤鱼结

（三）吉祥结的编结技法

吉祥结常出现在中国僧人的服饰和庙堂的装饰上，是一个古老而被视为吉祥的结饰，也被称为七圈结。吉祥结有很多种编法，如单线编法、双线编法、三线编法等，单结用绳60cm。（如图3-40所示）

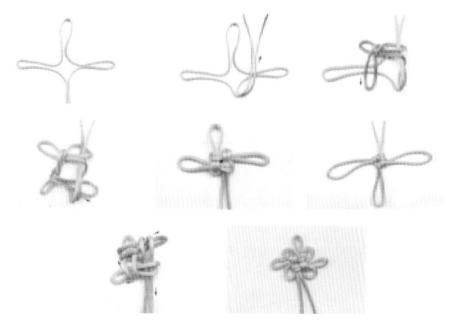

图3-40　吉祥结

（四）十五孔龙目结的编结技法

首先准备三根60厘米、65厘米、70厘米左右的扁线，珠针1板，塑料泡沫板一块。

用第一根绳对折，用珠针固定，然后用左线压右线，形成一个圈（蓝色圆形印记代表绳的走向）；接下来用现在右边的绳做挑一压一出（挑，就是运行中的绳在下面，压，就是运行中的绳在上面）；再用左边的绳做压二，挑二，压一出；把两根绳同时轻轻拉出，用左边的绳做压一、挑一，压一、挑一，压一、挑一，压一出；再次把两根绳轻轻向下拉，切记要将所有的绳，拉直不能有扭转；沿着刚才编好的线路，将绿绳和黄绳一点点地穿入；将线头烧结后，粘牢，将接头藏到背面，要一点点地调整；最后，在结的背面喷上少许发胶定型。（如图3-41所示）

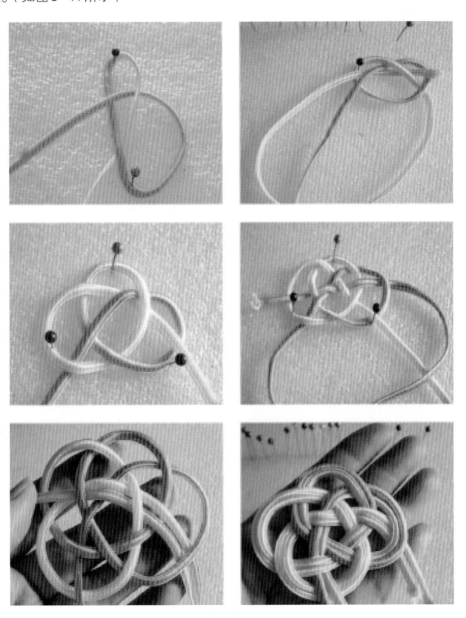

图3-41　十五孔龙目结

（五）六耳团锦结的编结技法

　　准备绳一根50cm，大头钉6枚，镊子一把。

　　按照绳编顺序步骤，一步步完成最后的程序，三分编七分调，最后形成六耳圆顺，绳编均匀，造型圆满如花团锦簇一般。（如图3-42所示）

图3-42　六耳团锦结

（六）复翼盘肠结的编结技法

　　准备绳一根150cm，镊子一把，按照图示自上而下、从左向右进行编结。（如图3-43所示）

服饰手工艺

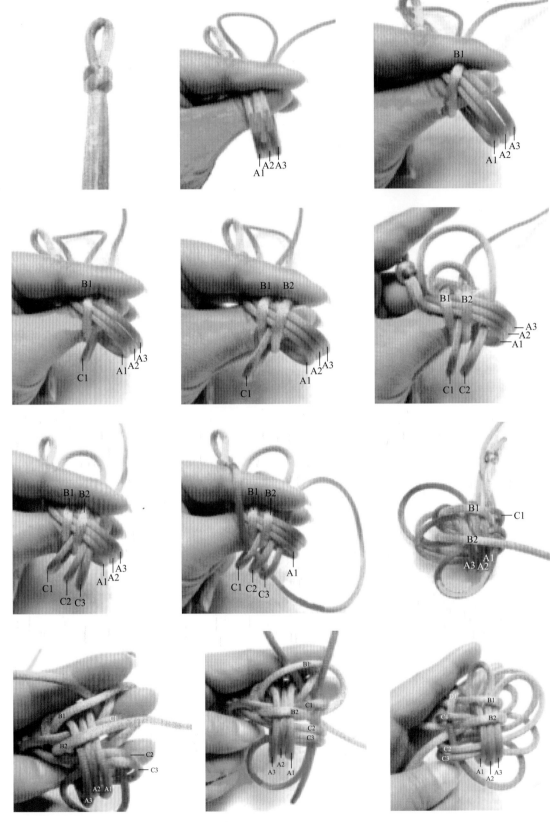

图3-43　复翼盘肠结

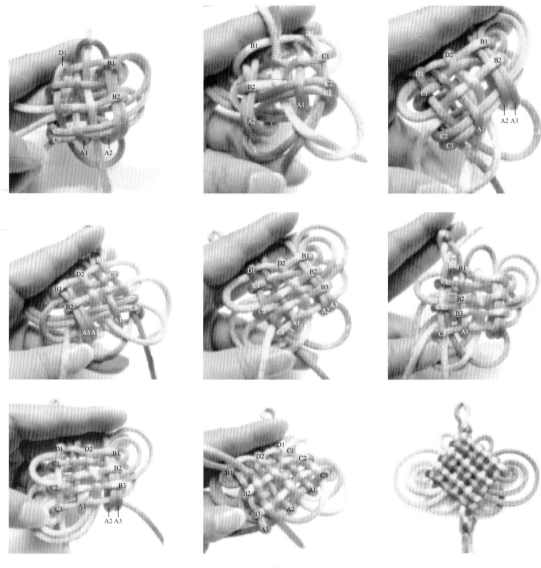

图3-43 复翼盘肠结

第四章　传统服饰手工艺与技法

中国传统服饰手工艺是在实用的基础上由简至繁逐渐发展形成的。中国传统服装的式样与装饰手工技艺两者缺一不可，具有相互匹配、紧密联系的特点。其传统的服饰工艺技法主要有盘纽、襻花、拉襻、镶边、嵌牙、绲条、包饰等。

第一节　盘纽与襻花工艺

盘纽与襻花，是中国传统服装上不可缺少的服饰配件，也是传统服装上精美的手工艺品。"盘"是指编盘、编绕纽扣；"襻"是指用衣料零头制作的、在纽身后钉缀的花形图案。"盘纽"和"襻花"是中国传统服装纽扣的基本形式，具有浓郁的民族特色。

中国传统服装上的扣饰可分为直扣和盘扣：盘扣是由盘纽和纽襻成双成对组合而成；盘纽和纽襻尾部的装饰，即为襻花。襻花可分为空心与实心两种，空心襻花又有嵌心包花与无心嵌心花两种。

"盘纽"是指纽扣结饰，其形式似算盘珠，故有"算盘疙瘩"之称。"纽襻"是指固定纽结的襻套。自明清时期以来使用极为普遍，它取代了以往历代服饰上的各种系带，广泛应用于传统大氅、马褂、短袄、旗袍、汗衫、长衫等日常生活服饰上。盘纽和纽襻尾部以直扣最为常见。但在礼仪类的传统服装上，则会将纽襻和盘纽尾部的直角加长，弯曲盘绕构成各种各样的图案形状，即襻。襻花的图案可选取花卉、虫鸟或者篆体字等，也可选取有吉祥寓意的纹样，但不论有多复杂，必须是一笔绘制而成，可见其工艺之高超。

一、襻条的工艺技法

盘纽和纽襻的制作均离不开使用襻条。襻条的选料一般应与服装材料质地相同，襻条用料应为45°正斜丝，其下料宽度约为2cm。使用45°正斜丝下料的优点是斜丝的材料有伸缩性，而45°正斜丝的伸缩性在最佳状态。襻条在编绕过程中，材料呈弧形状态时不容易出斜向皱纹，非常平服，而且斜丝布边不易毛漏、脱丝。

1. 手扦襻条

使用手针扦缝襻条。将襻条料一端钉在固定物上，然后将襻条材料的两边向里扣折，用右手拉紧，右手拿手针扦缝住襻条两侧扣折的光边，扦缝针距3mm。如果襻条材料过薄，斜布条中间可夹几根棉纱线，再扣折布边扦缝。

2. 暗缝襻条

使用机器暗线缝制。先将襻条材料对折，然后距折印3mm宽处缉缝一道缝线，使用结实的涤纶双股线穿针孔后打扣结，用手针将缉好的襻条一端来回缝几下固定，把针鼻儿朝前，从缉好的襻条筒内穿过，再把涤纶线带出后慢慢地将襻条的一端从襻条筒内退出来翻至正面，将缉线线迹与缝头藏在襻条筒内。这样做成的襻条表面没有线迹，使盘纽更加美观。

3. 明线襻条

先将襻条材料正面朝外对折，再将两边的毛口向里扣折成四层光边状。然后沿光边车缝1mm的明线。此种襻条可以加工制作实心的襻花。

4. 刮浆襻条

首先在襻条的材料反面刮上一层薄浆糊，然后用熨斗扣烫，使襻条材料表面朝外对折，然后再将襻条两边的毛口边向里扣折，用熨斗烫平呈四层光边。找几根细铜丝，夹在对折的襻条内，用针将襻条的一端固定住，再刮浆糊于夹细铜丝的缝隙内后，用熨斗烫干备用。此种襻条适合制作空心襻花。

二、盘纽的编结工艺

单独编结一只盘纽，需用襻条的长度约为20cm。盘纽的编结步骤如图4-1所示。编法口诀：

绳垂手心，先绕食指再绕拇，脱拇套扣食指环；

环内套环，拉出绳套如提篮，手提篮把隐双钱。

两绳绕篮，绳头直下篮中间，扣结一枚在眼前；

完美扣结，三分绕编七分调，松紧适度须多练。

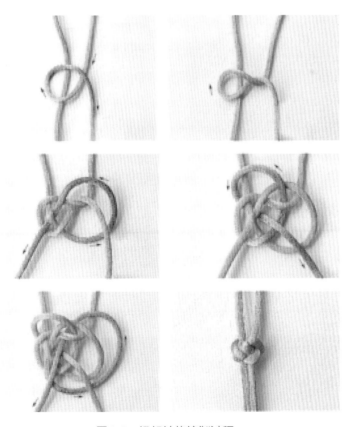

图4-1　纽扣结的编制过程

服饰手工艺

三、襟花的图案设计

在制作襟花之前，先将盘纽编结完成，并制作好纽襟套儿。

在一件服装上设计襟花图案时，一般要求图案左右对称，大小一致，上下相同。也可设计为成双、成对的图案，如龙飞凤舞、丹凤朝阳、福寿延年、吉祥如意等。

在设计襟花图案时应注意局部与整体的协调关系，襟花大小与数量的配制、左右不对称图案的平衡性以及图案花形的构成结构特点等要素。襟花的构成形式有空心、实心、包嵌心等；颜色应与盘纽、盘襟统一，用与服装相同的材料，或统一用单色、双色、三色等。

四、襟花的制作工艺

根据襟花的图形设计，其工艺可分为两类。

1. 实心襟花的制作工艺

实心襟花的花形图案不宜过大，其结构紧凑，不易变形。在制作实心襟花时，襟条不用夹细铜丝。实心襟花工艺，多以编绕、盘绕的技法为主，其工艺简单。最具传统特色的实心襟花图案应属"琵琶扣"。（如图4-2所示）

图4-2　琵琶扣的设计与工艺

2. 空心襟花的制作工艺

由于空心襟花结构松散，不易定型，因此在制作前，要打制襟花定型小样板，来控制襟条盘绕的间距。空心襟花有不易定型的弱点，在选用襟条时，应使用里面夹有细铜丝的襟条。在制作花型图案时，在襟花定型小样板上，用镊子将襟条撮出图案形状后，再用针线将襟花固定后，方可往服装上钉缝。有些空心襟花的空隙较大，可以利用包嵌花芯的工艺进行填补。制作包嵌花芯的材料应选用质地薄软的丝绸材料。用丝绸将少许棉絮包出空隙花芯的图案形状，然后嵌入空心襟花内，用手针扦缝固定后，再往服饰上钉缝。

练习题

1. 编制一对纽扣，并盘出琵琶扣结。要求：襟条空心，整体造型美观，松紧适度。
2. 编制一对纽扣，并盘出蝴蝶结或菊花结。要求：襟条空心，整体造型美观，松紧适度。

第二节　传统服装的镶、嵌、绲、包工艺

中国传统服装的造型与工艺具有其独特的形式与操作技巧。从造型上看有"大一统"的造型特点。如前后衣身连体式，衣身袖型连体式；从设计上看有"方中有圆"的半成型构成特点；从工艺技法上看又有"水线定位""刮浆工艺""牵条定型""镶嵌绲包装饰"等独特的手工艺技法特点。（如图4-3、图4-4所示）

图4-3　传统对襟镶绲上衣

图4-4　传统右襟绲包上衣

一、镶

镶，是将一物体镶或嵌在另一物体上，或围在其边缘。镶边工艺又被称为"镶色"，有明镶、暗镶、包镶、嵌镶、拼镶、接镶等工艺技巧，有中国传统服装十八镶的美誉。镶，是民间服饰的重要特征，其历史悠久，最早可追溯到春秋战国时代。镶，是当时最主要的装饰，从简易的镶一道不同颜色的边，发展到花样繁多，中国历代服饰上领、袖、襟、裾、

衩等部位多用此种工艺。通常选用两种或两种以上的颜色，采用质地相同或不同的面料，以厚实的织棉、丝缎进行镶缘，衬托服装的骨架，既装饰美化了服装，又加固了领、袖、襟、裾处等易磨损部位的牢度。镶，根据使用部位及作用的不同，在工艺上有很多不同的处理方法。

先在主料的背面拼缝固定，然后翻至主料的正面用明线压缝；直接将镶料的边缘扣折呈光边，扣贴在主料的正面，用明线沿边缘压缝明线；包镶装饰，使主料的正面、反面均为光边。在镶缘之前，需将主料、镶料都先扣折好光边，再进行手针或车缝固定；镶料的丝道最好使用45°正斜丝，镶料的宽度要依据服饰图案的弧度大小来制定。在缝制弧形变化较大的图案时，镶料在里弧与外弧的弧度变化过程中，要掌握好镶料相应部位的吃势，即在走里弧一侧时需加大吃进的分量，以保证相对应的另一侧外弧部位的松量适宜。在缝制外弧一侧时，应将镶料稍拉开，减小吃势，以保证相对应的里弧一侧松量适中。否则，镶好镶料的主料会出现弧部位起皱褶，外弧部位兜起，不平服的现象。如果镶饰图案过于复杂，应选用"盖贴"技巧进行工艺处理。

镶的技艺在传统服装上应用普遍，实用性较强。图案变化丰富，可以呈现条形，也可以呈现面状，图案可选用多种不同颜色的面料组合、镶色，而且可以与其他工艺技巧穿插应用。

二、嵌

嵌，就是在衣缝的边缘或者是在服装的分割线部位，嵌上一条带状、条状、线状的装饰。这条装饰线的选料，可以与服装的主料有所区别，以突出或强调分割线的位置，起到一定的装饰作用。嵌的工艺技巧也很多，有嵌线、嵌牙、嵌花边、相拼镶嵌等。

嵌料的纱向应用：嵌线的丝道最好选用45°正斜丝，既然是以"线"的形式出现，下料时的宽度应确定在2～2.5cm，如果材料有一定的厚度，下料的宽度应相应加大些。嵌线完成后的宽度（指视觉宽度）应以1～1.5mm为宜。

嵌线的下料：使用长方形的面料，做对角线。然后按照嵌线下料的宽度，画好粉线并剪成条状。如果嵌线下料的长度不足，可采取另一种下料方法：先将面料作45°斜丝对折线，然后沿对折线剪开，形成两块面斜，然后直丝对直丝相拼后，再按照嵌线下料的宽度，画好粉线并剪成条状。有时需用的嵌线下料很长，可将面料作45°斜丝对折，剪开后直丝与直丝对接，相拼缝合呈圆筒形状，然后根据嵌线用料的宽度，按螺旋形状从上而下顺序画出粉线，再按粉线剪下长条状的嵌线布料。

嵌线的制作工艺：先将嵌线料的宽度对折烫好，然后在距折印5mm处将嵌线料预缝到主料的正面；将主料的反面朝上，把需要相拼接的另一块主料正面朝上，放在预缝好的、带有嵌条的主料下面，使两块主料的正面相对，距上层主料反面的车缝线迹2mm处，再平行缉缝一道线迹；将主料翻转呈反面对反面，正面朝外，使嵌线与主料的做缝均夹在中间，而主料正面的嵌线在主料的边缘处，宽窄一致。

压盖嵌线的制作工艺：将扣折烫好的嵌线料夹在两层主料的中间，主料的正面相对，反面朝外，用车缝固定住；再将上面的一层主料，沿缉缝线迹翻折、熨烫；并沿着折印再缉缝一道1mm的明线，使嵌线夹在两块主料的中间。

突出嵌线的制作工艺：如果想使嵌线的装饰效果更加突出，并产生一定的立体感，可以在嵌线的筒内夹入一根棉质小线绳，进行缉缝；这时的嵌线会立刻鼓起，显得更加有筋骨感。

嵌牙与嵌花边制作工艺：首先应该将嵌入的"牙子"制作好；将嵌入的花边进行缩缝、抽紧备用。如果"镶"与"嵌"相结合，则会使服装更富有层次变化和立体感。

三、绲

在传统的服装工艺中，绲边是服装成型过程中不可缺少的一道重要工序。运用特制的绲条，或衬里绸，裁制成条形料，将衣片的做缝毛边包光，既可以防止穿着、洗涤时面料毛口散开、毛漏，影响服装的使用寿命，又可以使服装显出精致与高档。"包缝机"的出现解决了裁口毛漏的问题，取代了传统服装缝制过程中的拷边的工序，然而绲边的工艺技巧并没有完全消失。今天在精制高档厚毛呢料的服装中，使用衬里绸条料绲边包缝的工艺依然存在。绲边的种类有单色绲边、双色绲边和绲边镶嵌等。

绲的裁剪方法：绲条的用料最好选择45°正斜丝。绲条的宽度要根据绲边的宽窄变化来制定。

绲边的制作工艺步骤：下好绲条的用料，将绲条的一侧预缝在主料的正面。需要绲的宽度应事先确定后，再进行预缝；将预缝好的绲条折翻转到主料的背面，用熨斗烫平；沿主料正面的绲条折印，缉压1mm明线固定。

暗线固定绲条的制作工艺：将绲条的用料宽度加大，并将绲条布料宽度对折，用熨斗烫平；将绲条一侧的毛边与主料毛边对齐，摆放时主料与绲条料的正面相对，定好绲边的宽度后，用车缉预缝固定；用熨斗将做缝分开熨烫，并将绲条翻折至主料反面，使绲条折印翻至边缘处；用缝纫机沿分开缝隙，从主料正面灌缉一趟暗线，固定绲条的下层布边。

四、包

包，是指用布料包裹物体，并将包裹后的物体固定在主料上的一种点缀工艺手法。

包豆工艺：使用布料包裹少许棉絮，在包的过程中边包、边塑造出一些水果、动物、花卉的造型，在塑造的同时用暗扦针法将包饰物钉缝在主料上。

包扣工艺：包扣工艺是一种针对纽饰的再加工工艺，即利用布料的质地变化，来掩护纽原本的质地，并使其与服装的色泽、质地协调。包扣的选材范围较广，可以选择与服装一致的本料，也可以选用各种与服装材料、色泽不同，但搭配合理的材质。包扣的造型可以大胆变化，而不必受到常规纽扣造型的局限。

五、传统服装上的装饰工艺

前襟贴镶装饰图案：在贴镶布料上烫衬；在贴镶料的做缝打剪口，并将做缝扣烫折光。

服饰手工艺

右衽偏襟的绲边工艺：将衬料熨烫在宽的绲边料上；将细绲条与宽绲条正面相对，沿内侧边缘缉缝后，用细绲条来绲宽绲条的边缘；将宽绲条与衣片偏襟对齐，绲条的正面与衣片反面相对，沿衣片右衽偏襟外口缉缝一道固定；沿做缝打剪口，并将宽绲条翻折至衣片的正面，用熨斗烫平，并沿细绲条边缘车缝一道固定。

装饰开衩如意云头：在如意云头用料上衬贴，并扣折做缝；将如意云头贴翘与装饰开衩部位对齐，贴翘的正面与装饰开衩的反面对齐后缉缝固定；将云头贴翘由主料反面翻折至主料正面，用熨斗烫平后，沿如意云头的轮廓线车缝一道1mm的明线。（如图4-5所示）

图4-5　如意云头绲边装饰

练习题

用"镶、嵌、绲、包"工艺设计一款抱枕，要求中式风格中具有现代气息，体现既古典又现代、古为今用的文化特征，并在此基础上激发自身创新思维，寻找手工艺更新更奇、原创而意想不到的独特亮点，并赋予其文字说明，阐述设计构思及作品的用途。

第三节　挑花工艺与技法

一、挑花工艺简述

挑花是我国民间手工艺中最具有大众性的一种手针技艺。挑花又称"十字针法"、"架子绣"等。其基本技法是利用织物经纬向的平纹布丝，挑绣出有规律的花型图案。

中国的挑花工艺分布地域广阔，品种繁多，各具特色。主要地区有浙、皖、湘、川、陕、苏、鲁、京、沪等地及颚的黄梅地区、孝感地区等。北京和温州地区是我国挑花工艺的重产区。在我国的少数民族聚居地，土家族、苗族、彝族、白族、傣族、哈尼族等地区的各民族手工艺品中，也多以挑花工艺绣品闻名于世。

2000多年前，湖北是春秋战国时期楚国的所在地，楚汉文化孕育了编钟、漆器、丝织品等璀璨夺目的艺术奇葩。黄梅挑绣分为素挑、彩挑两种。素挑为白底黑线或黑底白线，整个布局显得朴素大方，单纯而对比强烈；彩挑则色彩绚丽，在深色底布上，用彩色绣花线挑绣。

十字绣工艺早在古代埃及、小西里西亚的中央及跨北西部的夫里尼亚就被使用了，以后传入罗马。公元4世纪，由土耳其人传入意大利，十字绣常被用于服饰、垫子等装饰。但当时只是作为贵族富人的装饰品，在宫廷和教会内流传。大约在12世纪，十字绣遍及整个欧洲，特别是在德国，常被用于制作精美的祭服。而彩绣技术的发展，冲破了等级界限，在民间迅速发展起来。以后，由于发明了刺绣机械，手工技术一度衰退。直到今天，设计师再度认识到了传统手工十字绣的价值，手绣技艺又重新回到了高级时装和室内时尚装饰品中。（如图4-6所示）

图4-6　十字绣花《喜娃》

二、挑花所需材料及用具

布料：由于挑花工艺具有利用织物经纬纱向定位的特点，因此在选择布料时，应选用平纹结构的织物。如夏布、亚麻布、十字布、十字网眼布、玻璃纱等。若是选用复写纸拓印挑花图案，可选用织纹精细的素色底布。

线：挑花使用的各色棉绣花线、丝绣花线等。如果底布的纱支较粗时，还可以选用各色细绒线。

丝线绣花针：根据线的粗细决定针的型号。

顶针：应选用帽式顶针，配合挑绣缝针。

图案纸样：在挑绣时参考图案的色线排列与颜色变化。

纸：复写纸、坐标纸（设计挑花图案使用）。

三、挑花工艺的基本技法

1. 十字针法的基本操作技法

首先确定十字针的大小，即进针与出针点的距离；自左向右行针，进针时针尖朝上，右下向上进针，先挑缝一行；线迹与布丝呈45°倾斜状，然后再由右向左返回；返回的进针点与出针点均与第一行相同，只是改变了行针的方向，自右向左挑缝一行，这时线迹排列呈十字交叉状；十字针的挑缝要领是必须按照上述的行针规律来制作，线迹排列正面呈十字交叉状，与布丝呈45°倾斜，反面线迹呈垂直状排列，与布丝平行。

2. 十字针法二方连续的挑缝技法

组合十字挑花针迹时，注意线迹的交叉方向要一致，即先左后右，先撇后捺。正面的十字交叉线迹必须呈90°对角状态；反面线迹则应呈水平、垂直排列，平行于经、纬布丝。十字绣作品如图4-7、图4-8所示。

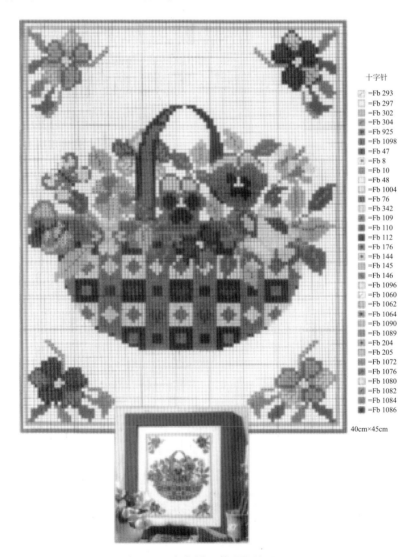

十字针

☑ =Fb 293
☐ =Fb 297
▨ =Fb 302
▨ =Fb 304
■ =Fb 925
■ =Fb 1098
■ =Fb 47
※ =Fb 8
☐ =Fb 10
☐ =Fb 48
☐ =Fb 1004
■ =Fb 76
■ =Fb 342
▨ =Fb 109
■ =Fb 110
■ =Fb 112
■ =Fb 176
▨ =Fb 144
▨ =Fb 145
▨ =Fb 146
☐ =Fb 1096
☑ =Fb 1060
▨ =Fb 1062
■ =Fb 1064
■ =Fb 1090
■ =Fb 1089
▨ =Fb 204
■ =Fb 205
▦ =Fb 1072
▨ =Fb 1076
☐ =Fb 1080
▨ =Fb 1082
▨ =Fb 1084
■ =Fb 1086

40cm×45cm

图4-7　十字绣工艺图及效果图

图4-8 十字绣品

3. 一字针挑花的基本技法

一字针的针步整齐，跨线有规律，可以平行排列，也可以垂直排列，又可以与布丝呈45°倾斜。

一字针倾斜排列组合针法，多用于填补空白，此针法多用于满地针工挑绣工艺，其图案组合灵活、简洁。

4. 交叉针挑缝的基本针法

交叉针又称"叉针""双叉针"。其基本针法是由几行并列的相同挑缝线迹排列组合形成的区域性图案。由于此种挑缝跨线的间距较大，在挑缝时应注意带线时的线迹松度一致，针步排列整齐。

四、挑花的针法特点与设计

1. 挑花工艺的针法特点

虽然利用布丝进行挑缝是十字挑花工艺的基本特点，在具体的操作手法上，世界各国都有各具特色的挑绣技巧。从挑缝工艺与底布构成的图案可分为以下几种类型：

阿斯旗式挑花工艺：背景以高明度色线绣满，而将图案空出的十字挑花方式。

柏林式挑花工艺：在帆布上，以十字针法作满地挑缝工艺。

现代挑花工艺：运用电脑的功能，将照片的色彩做成"空间混合"效果。运用各种针法、颜色，在十字布上自由地挑绣。

北京挑花工艺：运用单色线挑缝十字针，只对图案部分进行挑缝的方式。

抽纱、缂丝挑花工艺：使作品上的线迹与布底出现较明显的勒痕，具有凹凸的感觉。

2. 挑花工艺的图案设计

使用坐标纸，在坐标格内设计十字针的排列图案。

在衣片上确定挑缝十字针的针迹位置：先将服装的平面结构图绘制好；将服装裁片裁剪好，上面垫一张复写纸，用签字笔将坐标纸上的十字针迹拓印在服装裁片上，然后挑缝；待挑花工艺制作完毕，再缝合服装。

练习题

用十字绣挑花工艺设计并制作一款精美的钱夹，要求既有整体性风格，又有立体感造型，还需突出图案选取位置的合理性和其间的关联性。（可上网查询资料获得设计灵感）

第四节　贴补工艺与技法

一、贴补工艺简述

贴补工艺是一种造型简练、概括性很强并具有装饰效果的手工技艺。"补"即贴、缝。它是将设计好的图案用布料来塑造，将做好花样的布块贴到另一块底布上，然后选用锁针或扦针等固定针法将布料花形图案固定在底布上的一种工艺。贴补工艺很容易体现艺术效果，给人以浮雕、层次变化的感觉。

贴补工艺以清秀高雅、淳朴大方著称，深受人们喜爱。在我国，贴补的历史可以追溯到唐代，当时被称为"堆绫""贴绢"。贴绢是将丝织品剪成图案后平服地贴在绸缎上面，然后用丝线进行绣制固定；堆绫是用绫或其他丝织品进行剪贴、堆叠、拼成有层次的花卉、人物图案，有的还在丝织品与底布之间添垫一些棉絮或丝织品的边角料，使图案突出，产生浮雕的艺术效果。唐代佛教盛行，佛堂里的用品，如椅帔、桌围、佛幡、经幡、供花（祭祀贡品上的装饰品）等，无不饰以堆绫和贴绢。现在从使用的角度出发，贴补工艺的原料大多以棉布取代了丝织品。

我国的贴补工艺以"北京补花"为主，它是在继承传统的贴绢、堆绫的基础上，又汲取抽纱工艺而发展起来的，最初的补花是以夏布为底布，用彩色的小布、棉布剪成花卉图案后扣边贴在底布上绣制而成。1925年，贴补花样图案的原料改用质地薄而有光泽的高丽纱，色彩多达200余种，且不褪色；1937年至今，一直使用凤尾纱，使补花工艺取得了更加完美的效果。在工艺技法上，贴补又结合了刺绣、抽纱等工艺，设计出贴补、抽纱、刺绣、勾边、镶嵌拼接等穿插结合的许多品种，使贴补工艺具有了较高的艺术审美价值。

二、贴补工艺所需材料及用具

1. 材料

凤尾纱：一种特制的纯棉细布，颜色有几百种，布料的颜色有渐变效果，是制作贴补工艺品的专用材料，由厂家定点生产。

纯棉薄料：采用拔边工艺时选用。

毡、呢、革料：采用不折边工艺时选用。

线：可使用纯棉什色绣花线。

淀粉糨糊：在采用拔边工艺进行贴补制作时，必须使用。先将面粉调和后，将面筋洗出留下淀粉。再用开水将淀粉烫熟后使用，这样调成的糨糊，涂在棉布上扣边，干后不夹针。

白卡纸板：制作贴补图案的小样板，在下料和拔边时使用。

2. 用具

剪刀：布剪刀。

手针：选用普通手针即可。

顶针：选用帽式顶针。

钢针：是拔边的专用工具。针长15cm，针杆直径约5mm。

三、贴补工艺技法

设计并制作贴补图案的小样板：先将设计好的图案描到白卡片纸板上；根据图案的结构、组合层次，用笔标号，区分图案相接部位的上下层接口；按贴补的上下层次编号，排好顺序。

下料：将贴补板摆在色织布上下料。下料时，面料应比小样板的轮廓大出2～2.5mm。

拔花：将剪好的小布料放在小样板的上面，用钢针尖端挑少许糨糊，沿小布料边缘刮糨糊，然后用钢针压倒折边，以针杆抵住小样板，针杆在手中逆时针转动，将布料周边折扣后，布料与小样板大小一致，这样依次将所有小布料扣边，注意小样板上接口处的重叠记号，有记号处布料不用折倒，留作上层压下层的接口。

攒花工艺[1]：将拔好的折边的布料按编号排好顺序，按白描底图组合图案，由下层至上层在接口处刮好糨糊粘合。

锁边固定：将组合好的贴补图案布料，在底布上刮糨糊贴好，用熨斗烫平、烫干。然后依次用锁针针法缝制。贴补锁边固定后，还可以使用其他装饰针法对贴补图案进行点缀。

服装贴补工艺：绘制服装衣片结构图，并在衣片上设计贴补图案；根据贴补图案，制作贴补小样板；拔花，制作贴补图案；缝制贴补工艺服装。（如图4-9所示）

---

[1] 攒花（cuán huā）：攒，簇拥；围聚；聚集；用一大把东西聚在一起做成的花。《红楼梦》中有：头上戴着束发嵌宝紫金冠，齐眉勒着二龙抢珠金抹额，穿一件二色金百蝶攒花大红箭袖，束着五彩丝攒花结长穗宫绦。（宝玉衣饰）

图4-9　服装贴补工艺

练习题

　　用贴补工艺设计一款儿童的口袋。要求：有童话或动画人物、花草等标志性符号，口袋形状、大小、用途、位置不限。

第五节　缩褶工艺与技法

一、缩褶工艺简述

　　用手针在平坦的布料上抽纵、堆褶做出装饰效果被称为"缩褶工艺"。将抽缩的褶皱有规律地排列后，有褶凸起的部分，用装饰性的手针进行织绣，又被称为"缩褶刺绣"。这种工艺最早源于欧洲东部的匈牙利，是装饰在农作罩衫上，这种缩褶工艺的图案有绳股缩褶绣、仓梗缩褶绣、蜂巢缩褶绣、波纹缩褶绣等。

　　由于缩褶工艺装饰性强，图案变化丰富，实用性强，因此在欧洲广泛流传。无论是男装女装，常有缩褶装饰图案。在欧洲，不同的缩褶选用何种装饰针法和图案都是有限定的，因它们会标识不同的社会阶层、地位、职业，甚至可以区分不同地区的人。如英国的缩褶绣显现出绅士格调，图案规矩、色彩文雅、以蓝绿色调为主；匈牙利的缩褶绣有着浓厚的乡土气息，图案粗犷，色彩鲜艳，以红色调为主。

　　19世纪缩褶工艺传入我国，至今已有百余年的历史。我国人民根据缩褶工艺的特点，结合传统工艺技法，将此种工艺称为"打缆""扳网"工艺，花样缩褶工艺、扎系缩褶工艺等。它们都是通过不同的工艺技法，使平服的布料变成具有立体效果的空间变化，通过各种不同的工艺手段，使面料产生各种不同的肌理效果，运用缩褶工艺材料在服装、服饰配件、礼服、盛装和室内装饰布艺上，会产生强烈的流动感和装饰效果。

二、缩褶材料及用具

平纹织物：素色棉布、涤棉布、府绸、麻布、夏布、亚麻布等。

斜纹织物：素色卡其布、斜纹绸等，多用于有规律的压褶工艺。

手针：在薄料上，一般使用5~7号针；在厚料上，应选用3~5号针。

顶针：选用金属帽式顶针。

小钉：在练习抽碎褶缝针法时，需要将抽好的褶皱布料固定在物体上。

粉印：初学者由于手生，不容易掌握横向走水平编针的技巧，可先在布料上轻轻印好水平线粉印，以保证针迹整齐。

线：涤纶线用于固定第一行针缝线迹，应选择结实、耐牢的合股粗线。棉绣线用于缩褶工艺的编缝针法练习。

三、缩褶工艺技法

（一）缩褶准备

① 选好工作位置，在桌沿左右两侧用小锤将小钉固定好。

② 缩褶式工艺服装的算料方法是先用一块面料测试。

将棉线穿入针孔后，一端打好扣结，在布料的边缘自右向左进行拱针，针距为0.3~0.4cm。

将拱针的棉线抽紧，使布料形成细褶状态，然后用皮尺测量出抽紧细褶后布料的实际长度，并作记录；将棉线放松，用手将平布料后，用皮尺测量出该布料的实际长度，并作记录；计算缩褶工艺服装用料量的公式：

缩褶工艺服装的用料量＝平面布料的实际长度÷抽紧缩褶状布料的实际长度×服装用料量

③ 选用涤纶线双股进行穿针。

④ 涤纶线穿过针孔后对折，形成四股线，并在线头打好扣结。

⑤ 备料、作粉印：准备长度50cm、宽度20cm的布料，针距场边布边1.5cm处印一道粉线，以后每道粉印间隔均为2cm，平行排列依次印好粉印。

⑥ 缩褶布料的固定针法：沿布料上第一道粉印，自右向左拱针，针距均为0.4cm，拱针一行后，将布料抽紧，并将四股涤纶线的两端打好扣结。

⑦ 将缩褶布料两侧的四股涤纶线头上的扣结套在桌沿上的两个小钉上系好，固定。

（二）平行排列编缝工艺技法

1. 链式锁针编缝技法

第一针的扣结要藏在褶裥内，在抽好细褶的凸起部位，沿第一行拱针针迹下移0.5cm，自右向左走一行链式锁针，针法用"辫子股针"，每个链针线套都横跨两个细褶。链式锁针的步骤：自右向左水平进针，穿缝两个细褶后，针压线编缝，形成一个链套；第二针与第一针的编缝方法相同，连续编缝一行；链式锁针的针法特点是没有弹性，图案效果明显。一般在服装的开口部位，多选用链式锁针起固定作用。

2．上下连针编缝技法

在抽好细褶的凸起部位，沿第二行粉印自左向右走一行上下连针，基本针法为"双回针"。制作时，每个上针或下针，横跨两个细褶，这种针法特点是有弹性。编缝步骤：第一针的线头藏在褶裥内，自左向右横跨两个细褶，走回针自右向左进针穿过一个细褶出针，出针时线迹在上，针在下，为"下针"；第二针走针时自左向右横跨两个细褶，自右向左进针穿过一个细褶出针，出针时线迹在下，针在上，为"上针"；自左向右行针，自右向左进针，连续编缝上针、下针，缝制一行"上下连针"。

3．连上针编缝技法

在抽好细褶的凸起部位，沿第三行粉印自左向右走一行连上针。连上针的基本针法为"单回针"。制作时每个上针横跨两个细褶，回针时自右向左进针，穿过一个细褶。操作步骤如下：将线头打结藏缝褶裥内，出针后自左向右横跨两个细褶后，自右向左进针穿过一个细褶走回针，出针时线迹在下、针在上为"上针"；自左向右连续编缝上针，形成一行连上针图案。

4．连下针编缝技法

在抽好细褶的凸起部位，沿粉印自左向右走一行连下针。基本针法为"单回针"，每一个下针横跨两个细褶，回针时自右向左穿过一个细褶。操作步骤如下：线头打结藏缝褶裥内；出针后自左向右横跨两个细褶，自右向左进针穿过一个细褶走回针，出针时线迹在上、针在下为"下针"；自左向右连续编缝下针，形成一行连下针图案。

四、缩褶固定工艺技法

1．穿丝法

使用细铜丝穿入针孔内，并在面料上每隔10cm印一道粉印，沿针迹粉印等距离行针，将穿好的各行细铜丝同时抽紧，然后将两端打扣结，固定好。（如图4-10所示）

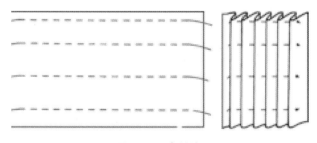

图4-10　穿丝法

2．缝钉法

在布料的上下两端印好针迹粉印，应注意上端与下端进针、出针的针孔要相对，不要错位。然后，在布料上下两端沿粉印针迹涌现绗缝，缝完后同时将绗线抽紧，抽线时应注意布料抽纵的细褶应松紧一致。另外剪一块与抽好细褶后布料相同的衬布，摆在抽好细褶的布料下面，机缝固定。（如图4-11所示）

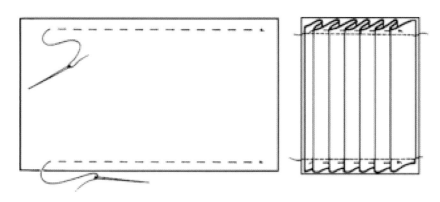

图4-11　缝钉法

3. 拼接法

本针法是在服装上进行局部缩褶装饰使用的一种拼接技法。首先，将服装造型平面结构设计图样绘制好，确定缩褶工艺的部位与大小面积，并按褶量计算裁片的用料量，根据实际裁剪图下料并抽好细褶或压褶；再根据样板修整好褶皱部位的形状，机缝拼接裁片，同时将褶皱固定，最后，在固定好细褶的裁片上进行缩褶编缝针法，待缩褶工艺完成后，再进行成衣制作工艺。（如图4-12所示）

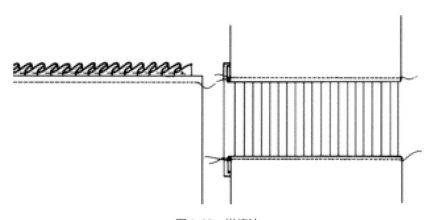

图4-12　拼接法

（1）估算用料的方法。

抽碎褶的算料方法：在抽褶衣片上，按前衣片胸围尺寸的3倍来计算。

有规律地压褶裥的算料方法：在准备压褶的衣片上，按前衣片上明压褶的宽度与数量的3倍来计算。

（2）定位缩缝法。定位缩缝是一种巧妙地利用布料上的规律图案，运用缩缝的方法使面料产生肌理变化。缩缝时不需要考虑其针法的松度与弹性，定位后一针针地缝、抽，重新组合布料上的图案。

练习题

　　分析如图4-13所示女裙前中腰〝蝴蝶结〞和〝裙子〞所采用的缩褶工艺技法并绘制出其缩褶制图。

图4-13　女裙

第五章　印花、烫花、扎染、蜡染工艺与技法

服饰手工艺

第一节　印花工艺与技法

一、印花工艺简述

印花工艺是在纺织物局部施以染料或颜料从而获得花纹图案的工艺过程。印花有成衣印花、织物印花、毛条印花和纱线印花之分，而以织物印花为主。毛条印花用于制作混色花呢，纱线印花用于织造特种风格的彩色花纹织物。

织物印花历史悠久，早在战国时期我国人民已经应用镂空板在织物上印花。印度在公元前4世纪已经有凸纹木模板印花。早期印花工艺一直处于手工生产阶段，直到18世纪欧洲科学家发明了滚筒印花机，能够批量连续地生产印花产品，印花工艺才开始步入了工业生产时代。

筛网印花是由镂空型板发展而来的，适用于容易变形织物的小批量多品种印花。20世纪60年代，金属无缝圆网印花开始应用，为实现连续生产提供了条件，其效率高于平网印花。60年代后期出现了转移印花方法，利用分散染料的升华特性，通过加热把纸上的染料转移到涤纶等合成纤维织物上，可印得精细花纹。70年代还研究出用电子计算机过程控制的喷液印花方法，由很多组合的喷射口间歇地喷出各色染液，形成彩色图案，图案逼真，立体感强。

二、印花工艺分类

印花工艺是富有艺术设计的一种工艺，在实际生产中可以根据设计的花纹图案选用相应的印花工艺。最常用的印花方法有直接印花、防染印花和拔染印花三种。直接印花是在白色或浅色织物上先直接印以染料或颜料，再经过蒸化等后处理获得花纹的一种方法，工艺流程简短，应用最广。防染印花是在织物上先印以防止染料上染或显色的物质，然后进行染色或显色，从而在染色织物上获得花纹的方法。拔染印花是在染色织物上印以消去染色染料的物质，局部染料被破坏从而在染色织物上获得花纹的印花工艺。

现在印花技术突飞猛进、日新月异，新技术新方法比比皆是，目前较常见的有以下几种。

1. 水浆印花

所谓水浆，是一种水性浆料，印在衣服上手感不强，覆盖力也不强，只适合印在浅色面料上，但它不会影响面料原有的质感，所以比较适用于大面积的印花图案。成品手感柔软、色泽鲜艳，其唯一的缺点就是水浆颜色要比布色浅，如果布色颜色太深，水浆根本覆盖不了。（如图5-1所示）

图5-1　水浆印花

2. 胶浆印花

胶浆的出现和广泛应用在水浆之后，由于它的覆盖性非常好，使深色衣服上也能够印上任何的浅色，而且有一定的光泽度和立体感，使成衣看起来更加高档，所以它得以迅速普及。但由于它有一定硬度，所以不适合大面积的实地图案，大面积的图案最好还是用水浆来印，然后点缀些胶浆，这样既可以解决大面积胶浆硬的问题，又可以突出图案的层次感；还有一种方法是将大面积的实地图案偷空，做成烂的效果，但始终穿起来有点硬硬的，所以最好还是水、胶浆结合来解决大面积印花的问题较好。胶浆印花有光面和亚面的，其手感柔软、薄并且环保，不怕水洗，可以拉伸。（如图5-2所示）

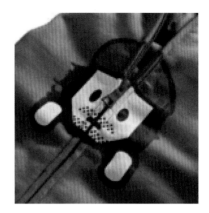

图5-2 胶浆印花

3. 油墨印花

油墨乍一看和胶浆没有很大区别，但是胶浆印在光滑面料比如风衣料上的时候，一般色牢度很差，用指甲大力刮就能刮掉，但是油墨能够克服这个缺点。所以做风衣的时候，一般用油墨来印。其特点是色泽鲜艳，形象逼真，可选择的颜色较多。并且还可以在油墨上洒点金粉银粉类的，装饰效果更好。（如图5-3所示）

图5-3 油墨印花

4. 拔染印花

选用不耐拔染剂的染料染地色，烘干后，用含有拔染剂或同时含有耐拔染剂的花色染料印浆印花，后处理时，印花处地色染料被破坏而消色，形成白色花纹或因花色染料上染形成的彩色花纹。拔染又称拔白或色拔，它做出的衣服好像被洗过水的效果，斑斑驳驳的，这就是拔染印花。（如图5-4、图5-5所示）

图5-4 拔染印花

5. 减量印花

又叫烧拔印花或烂花印花。该工艺利用交织或混纺织物中不同纤维的耐化学腐蚀性质差异，通过印花方法施加烧拔剂在织物局部去除其中一种纤维，保留其他纤维而形成半透明花纹。（如图5-6所示）

6. 皱缩印花

又叫凹凸印花。利用印花方法在织物上局部施加能使纤维膨胀或收缩的化学品，通过适当处理，使印花部位纤维和非印花部位纤维产生膨胀或收缩的差异，从而获得表面有规律凹凸花形的产品。如用烧碱作膨

图5-5 拔染印花或喷雾印花

服饰手工艺

图5-6　减量印花

图5-7　皱缩印花

图5-8　颜料印花

图5-9　厚板浆印花

化剂的纯棉印花泡泡纱。（如图5-7所示）

7. 颜料印花

又叫涂料印花。由于颜料是非水溶性着色物质，对纤维无亲和力，其着色须靠能成膜的高分子化合物（黏着剂）的包覆和对纤维的黏着作用来实现。颜料印花可用于任何纤维纺织品的加工，在混纺、交织物的印花上更具有优越性，且工艺简单、色谱较广，花形轮廓清晰，但手感不佳，摩擦牢度不高。（如图5-8所示）

8. 厚板浆印花

厚板浆源于胶浆，它就好像是胶浆反复地印了好多层一样，能够达到非常整齐的立体效果。一般来说，工艺要求比较高，目前这种印花工艺风靡全球。一般适宜用在比较运动休闲型的款式上，图案方面一般采用数字、字母、几何图案、线条等，线条不宜太细。也有人别具一格用来印花卉图案，常见于秋冬装皮料或较厚的面料上。

其效果就像你走在泥泞的路上时，刚走过留下的脚印，如一块块或者一条条石头的形状或者泥浆的形状，是一种比较新颖的印花工艺，多用于休闲男装。（如图5-9所示）

9. 泡浆印花

泡浆，顾名思义，就是泡起来的浆，也是由胶浆变化出来的。先将配好的浆料印在衣料上，然后经高温机器处理，图案就泡起来了，立体感很好，有点软绵。但是衣服经过多次穿着洗涤之后，立体效果会慢慢消失压平。（如图5-10所示）

10. 尼龙胶浆印花

尼龙胶浆，主要成分是以PU聚合物为主要成分及其他辅助材料经过控温乳化，研磨而成。其使用范围：涤纶布、TC面料、梭织布、普通尼龙布、牛仔布等印花之用。产品特点：高牢固度、高光泽、手感柔软，表面光滑、高弹性、不堵网。尼龙胶浆有较好的张力，因与尼龙一般具有较好的弹性而得名，手感薄爽。（如图5-11所示）

11. 滴胶印花

滴胶是一种可以比厚板更有立体感的品种，一般用来做滴胶章，多用于男装上。用在女装上的时候会

拿它来塑造出花朵的造型，若用于童装也可以来塑造一个立体的米奇形象。（如图5-12所示）

滴胶的缺点是：粘的不是特别牢固。

12. 植绒印花

植绒印花就是在织物上栽植了短纤维，这些短纤维绒毛形成特殊的图案效果。目前常见的植绒印花技术是静电植绒，它是利用静电效应来达到植绒目的。先在布料上印出想要形状的浆料，然后进行静电植绒，也就是把具有一定导电性的绒毛放在具有一定电场强度的高压电场中，这些绒毛沿着电位差运动，最后定位在涂了黏合剂的织物上，然后烘干，清理。（如图5-13所示）

植绒印花工艺简单，成品立体感强，适用于不同年龄段的各种服装。

13. 植珠印花

植珠是要求比较高的一种工艺。植珠也叫牙刷花，成品效果就像一根根竖起来的牙刷须一样，故得名，一般一个花要印二三十次才能印好，成品高度可达到0.3cm左右。它的顶部是圆珠状的，可以做其他颜色在上面，似是顶着一颗颗珠子一般。（如图5-14所示）

14. 压绒和压胶

压花是先做出一个图案的模，然后热压在绒或者特殊的胶上，使之压出图案的形状，压绒和压胶都比较容易从衣服上脱落，现在已不那么流行。

15. 手绘

手绘也就是在衣服上作画，使用丙烯颜料画在衣服上，这种颜料干透之后不溶于水，所以不用担心会被洗下来。手绘的效果和印花有点相似，但更加灵活和自由，对于追求时尚、追求个性的年轻人，手绘有印花不可比拟的优点。

以前手绘一般都是画在T恤衫、牛仔服上。今天手绘已经开始广泛应用在各种面料各种服装上面，以至于真丝服装、毛衫、雪纺衫上都有应用，近来还有一些年轻人把手绘作品画在鞋子上面，极大地丰富了我们的生活。（如图5-15所示）

手绘作品如果结合民族风情，效果

图5-10　泡浆印花

图5-11　尼龙胶浆印花

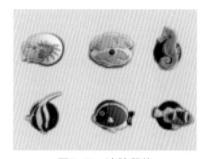

图5-12　滴胶印花

图5-13　植绒印花

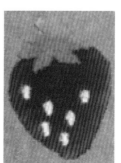

图5-14　植珠印花

图5-15　手绘AB鞋

更是别具风格。手绘不仅丰富了人们的视线，还提升了服装的品位和档次。

三、印花工艺流程

在所有的印花工艺中，丝网印花应用最灵活，不仅可以应用于批量的织物印花，也可以应用于裁剪好的衣片或成衣。在衣片印花工艺中，制衣工序与印花工序排在一起，先把设计好的图案印在衣片相应的位置后再把衣片缝合起来。成衣印花把印花工艺安排在服装缝制工序完成后再进行印花。

手工丝网印花不仅可以用于限量的、高度时尚的女服，也可以用来印制小批量用于投放市场的产品，还可以用于童装、海滨浴巾、新颖的印花围裙、帷幕和浴帘等织物。

手工丝网印花的生产工艺流程有以下三步。

1. 制作丝网

印花第一步需要准备丝网。印花丝网，用于印花的筛网以前都是用细细的真丝制成，所以该工艺称为丝网印花。尽管现在已经不再使用丝绸筛网，但丝网印花这个名称仍在使用。由紧绷在木制或金属框架上的具有细网眼的尼龙、聚酯纤维或金属丝织物制成。在筛网织物上涂一层不透明的无孔薄膜，在需要印制花纹的地方，预先采用一些方法把薄膜除去，留下细细的网眼，方便让印花色浆渗出。一般的筛网在制作时采用的是光敏性薄膜，然后通过感光法除去花纹部位的薄膜就可以了。（如图5-16、图5-17所示）

2. 印花

织物在印花前必须先经过预处理，使之具有均匀的、良好的润湿性。然后把筛网放置在准备好的织物上，把配好的色浆倒入印花框内，用刮刀来回刮一次，迫使色浆从筛网的网眼渗出到织物上。

印花图案中的每一种颜色需要一只筛网，分别来印出图案中不同的颜色。比如一个图案有五种颜色，就需要有五只筛网把五种颜色分别印制到织物上。这就要求图案中每种颜色的花纹必须在筛网上准确定位以保证印花后花纹位置的准确无误，印花对花就是指所有花纹的颜色都能准确印到织物上的专业术语。（如图5-18所示）

图5-16　制作丝网　　　图5-17　丝网印花　　　图5-18　手工印花

3. 固色处理

手工筛网印花一旦织物经过印花，颜色就被固定在织物上了，再进一步加以固色处理就可以保证花纹的耐洗耐用。

用于印花着色剂的染料，必须要能与纤维结合。把印花织物置于温度接近或高于水的沸点的（高压蒸汽）蒸汽中可进行固色。这一步工序称为蒸化，蒸化后织物要通过皂洗以除去印花浆料和色浆配方中的其他物质，最后再经过几道水洗和干燥就可以了。

印花中如果使用的不是染料而是颜料，织物需要经受高达210℃的干热处理，以使固着涂料的树脂固化，这一步工序称为焙烘，不再需要进一步处理。

因为在染料印花的过程中需要汽蒸和水洗处理，而涂料印花只需要简单的干热焙烘作为着色的工艺，不需要水洗处理。所以，纺织工业通常把用染料进行印花的织物称为湿印花布，把用涂料进行印花的织物称为干印花布。

四、印花色浆的配制

印花时为了克服织物的毛细管效应引起的渗化现象，获得清晰的花纹，必须为染料或颜料加入一种称为原糊的物质，将它们调成一种具有一定黏度的糨糊，称为色浆。

印花色浆由染料（或颜料）、吸湿剂、助溶剂等与原糊组成。印花原糊的作用是使色浆具有一定的黏度和流度。它由亲水性高分子物糊料调制而成，常用的糊料有淀粉、淀粉降解产物（白糊精与黄糊精）、淀粉醚衍生物、海藻酸钠（或铵）、羟乙基皂荚胶、龙胶、纤维素醚、合成高分子电解质等。用水、火油与乳化剂制成的乳化糊，有时也用作印花原糊。印花原糊对色浆中的化学药剂应具有良好的稳定性，不与染料发生作用，对纤维有一定的黏附力并易于从织物上洗去。印花色浆的黏度取决于原糊的性质。印花时如果色浆黏度下降太多则难以印得精细的线条，黏度太大则色浆不易通过筛网的细孔。

印花所用的染料基本上与染色相同，有些面积较小的花纹可用涂料（颜料）。此外，还有印花专用的快色素、快胺素、快磺素等染料。在同一织物上可以选用不同类染料印出各色花纹。

练习题

参观见习服装公司的印花车间，了解印花工艺技术；调研市场并收集各种类型的印花成品，尝试制作其中的一种。要求规格：30cm×30cm。

第二节　烫花工艺与技法

一、烫花工艺简述

烫花工艺也称为热转移印花，类似于移画印花法。这种工艺在生产前，首先要把含有分散染料和印刷油墨的图案印制在纸上，印好花纹的纸就是印花纸或转印纸。在印花过程中，把印花纸和织物面对面贴在一起，在大约210°的条件下通过热转移印花机，印花纸上的染料就会升华并转移到织物上，完成印花过程，不需要再进行后处理。

烫花工艺相对简单，不需要太多的专业知识。分散染料是唯一能升华的染料，从某种意义上讲，也是唯一能进行热转移印花的染料，因此热转移印花也只能运用于对分散染料具有亲和性的织物上，如涤纶、腈纶、耐纶和醋酯纤维等纤维织物。

服装烫花的应用范围广泛，而且应用方便，已经在很多领域取代了其他辅料，传统的丝网印花、水浆印花也逐渐向烫花工艺转型。烫花逐渐被国内的消费者熟知和认可，一些品牌服装、品牌箱包也开始使用烫花工艺，烫花行业的前景也是不可估量的，竞争亦将越来越激烈。

二、烫花工艺原理

烫花工艺是根据一些分散染料的升华特性，选择在150° ~ 230° 升华的分散染料，将其与浆料混合制成 "色墨"，再根据不同的图案设计要求，将图案印刷到转印纸上，然后把印有图案的烫花纸与织物亲密接触，控制好温度、压力和时间，染料从纸上转移到织物上，经过扩散作用进入织物内部，从而达到着色目的。

升华法发生的过程分为三个步骤：在烫花前，全部的染料都在纸上的印膜中，被烫花的织物和空气隙中的染料浓度为零。在烫花过程中，当纸的温度达到升华温度时，染料会发生挥发或升华，并在纸与纤维间形成浓度挥发，当被烫花织物达到升华温度时，在织物表面开始了染料吸附，直到达到一定的饱和值。由于染料从纸到纤维的转移是持续性的，其吸附速率取决于织物内部染料的扩散速率。为了使染料能定向扩散，往往把织物的另一侧抽成真空，使染料达到定向扩散转移。转移过程发生后，被烫花织物着色后，纸上染料含量下降，部分剩余的染料进入纸的内部，残留的染料量取决于染料的蒸汽压、染料对浆料的亲和力和烫花膜的厚度。烫花不需要经过湿处理，可节约能源和减轻污水处理的负荷。

三、烫花工艺的特点

烫花工艺印花时，可以从专业的印花纸生产商购买这种印花纸，也可以根据客户的要求来设计和制作印花纸。

热转印花在印花过程中不需要庞大而昂贵的烘干机、蒸化机、水洗机和拉幅机，所以它已经从印花工艺中作为一种独立的织物印花方式脱颖而出。

在印花前，我们只要对印花纸进行检验，就会消除对花不准和其他病疵，因此烫花工艺很少出现次品。

烫花工艺有以下优点：不用水，无污水；工艺流程短，印后即是成品，不需要蒸化水洗等后处理过程；花纹精细，层次丰富，艺术性高，立体感强，并能印制摄影或绘画作品；在印花过程中，焦油残留在纸上，不会污染织物；正品率高，多套色花纹一次完成，无须对色；灵活性强，客户选中花型后短时间可印制出来。

四、烫花工艺的分类

1. 按效果分类

烫花工艺种类很多，根据效果分为很多种，如PET低温平面烫花、发泡烫花、植绒烫花、泳装烫花、反光烫花、玻璃珠烫花等。（如图5-19所示）

（1）PET低温平面烫花。胶印，颜色耐水洗、耐拉伸。彩色照片效果（人物、风景图等），被广泛应用在成衣和耐高温的各种面料上。（如图5-20所示）

（2）发泡烫花。发泡烫花纸具有明显的凹凸立体感，表面光滑。主要用于童装、女装、文化衫等。（如图5-21所示）

图5-19　烫花机　　　　图5-20　PET低温平面烫花　　　　图5-21　发泡烫花

（3）植绒烫花。强烈的植绒立体感，手感柔软。广泛应用于女装、运动服、童装、毛绒玩具、羊毛衫等。（如图5-22所示）

（4）泳装烫花。高伸缩，特别耐拉伸。主要应用于泳装、美体内衣、塑身内衣、健美服饰等。（如图5-23所示）

（5）反光烫花。采用进口反光膜，表面光滑闪亮，发光率达到0.9以上。常见于警示标志、交通安全服、运动装、童装。（如图5-24所示）

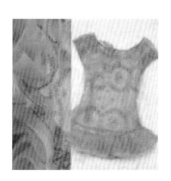

图5-22　植绒烫花　　　　图5-23　泳装烫花　　　　图5-24　反光烫花

（6）玻璃珠烫花。表面立体感强、晶莹剔透、华丽高雅，牢度佳。应用于牛仔服、童装及各种箱包。（如图5-25所示）

（7）水晶幻彩烫花。表面光亮、晶莹，手感柔软。具有强烈的水晶幻彩视觉感。主要应用于广告衫、童装、时装。（如图5-26所示）

图5-25　玻璃珠烫花　　　　　　　　图5-26　水晶幻彩烫花

（8）亚面烫花。属于是冷撕烫花工艺，采用进口冷撕专用离型材料新型研发的一种新的烫花工艺，图案边缘光滑，具有印刷复膜的亚光效果，色彩柔和自然，高贵典雅。冷撕技术，适合印花厂、服装厂大批量烫印。

（9）亮面烫花。彩成烫花工艺的一种，属于是冷撕烫花工艺，图案边缘光滑，具有印刷复膜的亮光效果，结膜厚实，高贵华丽。冷撕技术，适合印花厂、服装厂大批量烫印，应用比较广泛，主要用于书包、童装等各种箱包，服饰上面。

2．按烫印方法分类

根据烫印的方法可以分为先撕、冷撕和热撕。

（1）先撕工艺。顾名思义就是在烫印之前，将图案从PET胶片上面撕下来，定位在要印制的面料上面。玻璃珠烫花就属于先撕工艺。

（2）冷撕工艺。是指烫印过程中，烫花机警报器响之后，抬起烫花机，拿出面料和粘在面料上面的烫花图案，让其冷却一下再撕下来。这种工艺包括：亮面烫花、亚面烫花、植绒烫花、金银箔烫花、反光烫花、水晶幻彩烫花。

（3）热撕工艺。是指烫印过程中，烫花机警报器响之后，抬起烫花机，拿出面料立即撕去上面的PET胶片烫花。这种工艺包括柯式烫花、专色丝印烫花、发泡烫花、珠光烫花、升华烫花和水洗标烫花。

当然这种划分并不绝对，比如柯式烫花不仅可以做成热撕工艺也可以做成冷撕工艺，根据制作者的面料和要求的情况而定。

烫花工艺的用途广泛，种类繁多，工艺、效果不断更新，各地的工艺也不尽相同，还有高频烫花、镭射烫花等，名称各异，也叫烫花或转移印花等。

五、烫花工艺流程

烫花工艺：作图——出菲林——晒版——调油墨——印刷（先印离型——再热转印油

墨——印热熔胶水——烘干——成品）。

六、烫花作品鉴赏

烫花作品如图5-27～图5-29所示。

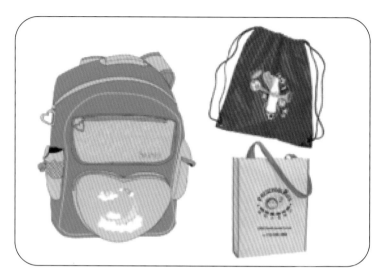

图5-27　涂料印花

图5-28　烫花/火笔花/烙花

图5-29　泳装烫花

练习题

知识拓展：查阅与本章节相关的中国服装辅料网www.fuliao.com等网站，进行自主学习。

服饰手工艺

第三节　扎染工艺与技法

一、扎染工艺简述

扎染又称绞缬，云南大理叫它为疙瘩花布、疙瘩花。它是一种古老的采用结扎染色的工艺，也是我国传统的手工染色技术之一。扎染是织物在染色时把部分扎结起来使之不能着色的一种染色方法。

根据设计图案的效果，用线或绳子以各种方式绑扎布料或衣片，放入染液中，绑扎处因染料无法渗入而形成自然特殊图案的一种印花方法。也可将成形的服装直接扎染。分串扎和撮扎两种方式，前者图案犹如露珠点点、文静典雅；后者图案色彩对比强烈、活泼清新。一般可用来做较为宽松的服装、围巾等。多选用丝绸面料。

扎染是我国一种古老的纺织品染色工艺。据历史记载，早在东晋，扎结防染的绞缬绸已经有大批生产。当时绞缬产品，有较简单的小簇花样，如蝴蝶、腊梅、海棠等；也有整幅图案花样，如白色小圆点的"鱼子缬"，圆点稍大的"玛瑙缬"，紫地白花斑酷似梅花鹿的"鹿胎缬"等。

在南北朝时，扎染产品被广泛用于妇女的衣着，在《搜神后记》中就有"紫缬襦"（即上衣）、"青裙"的记载，而"紫缬襦"就是指有"鹿胎缬"花纹的上衣。唐代是我国古代文化经济发展的鼎盛时期，绞缬的纺织品非常流行，尤其是贵族穿绞缬的服饰更是一种时尚。在唐诗中我们可以看到当时妇女流行的装扮就是穿"青碧缬"，着"平头小花草履"。在宫廷更是广泛流行花纹精美的绞缬绸，"青碧缬衣裙"曾成为唐代时尚的基本式样。北宋时，绞缬产品在中原和北方地区流行甚广。但后来因扎染制作复杂，耗费大量人工，朝廷曾一度明令禁止，从而导致扎染工艺衰落，乃至消失。但西南边陲的少数民族仍保留这一古老的技艺。

除中国外，印度、日本、柬埔寨、泰国、印度尼西亚、马来西亚等国也有扎染手工艺。20世纪70年代，扎染重新成为流行的手工技艺。

扎染布和蜡染布一样原来都只是一种蓝白两色品种。现在则发展到各种颜色，面料也从单一的棉布发展到丝绸、合纤和各种混纺布。扎染的工具也从单纯的扎线发展到各种专用工具。目前的扎染布已从农村妇女的衣料发展到时装面料。

随着人们物质文化生活和精神文化生活水平的不断提高，以及服饰时装化的步步升温，扎染艺术备受国内外消费者和时装界的追求和青睐。现在扎染普遍应用在壁挂、丝巾、领带以及服装服饰上面。

扎染壁挂是扎染产品中提炼出的最高的一种工艺，它融合了设计师与扎染之间的伟大创造，将所有的技巧与精华表现出来，产生现代艺术——染缬壁挂。丝巾是现代妇女的一种装饰品，台布则是家居装饰的一个品种。丝巾、台布种类繁多，尺寸不一，其色彩艳丽、古朴、新颖，深受国内外友人的欢迎和喜爱。

扎染服饰可表现在许多方面，如全棉汗衫、连衣裙、半裙、上装、裤子、袜子等。花形有自然花形与定位花形，穿上此装，具有回归自然的感觉。

二、扎染工艺流程

制作扎染一般分为三个步骤：染前处理、捆扎染色、染后处理。

1. 染前处理

有的织物在织造过程中带有浆料、助剂，或含有一些天然的杂质，为保证扎染制作过程中染色均匀，需对织物进行染前处理。染前处理的内容如下。

退浆：机织物在生产过程中要加入浆料，保证生产的顺利完成。退浆的目的就是除去这些天然浆料，提高织物的吸水性、手感等性能。一般是采用退浆剂、烧碱，或用淀粉酶加水煮沸进行退浆。

用量：药剂为布重的3%，水为布重的30倍左右。

煮炼：目的是除掉织物上含有的天然杂质和残留浆料，一般用烧碱加水煮沸。（真丝织物是用煮炼剂加碳酸钠煮沸处理）。

用量：烧碱为布重的3%，水为布重的30倍左右。

漂白：用来去除织物上的天然色素，提高织物的白度。（对于想染深色的织物可以不进行漂白处理）一般使用次氯酸钠、双氧水，烧碱加水煮沸30分钟。

用量：漂白剂为布重的3%，水为布重的30倍左右。

处理后的织物漂洗干净，晾干用熨斗烫平待用。

2. 捆扎染色

把设计好的图案用铅笔或水溶笔（也可以用画粉）在织物上勾画出来，然后用手针沿轮廓线缝好、抽紧、捆扎，或随意把织物系结起来。完成后把织物放入水中均匀浸透，取出拧干，放入已配好的染液中浸染或煮染，根据所染颜色深浅来调整染色时间和温度。

3. 染后处理

浅色织物染色后清水漂洗干净即可，深色织物一般要用肥皂水煮沸后漂洗干净来去除浮色，保证织物的染色牢度。

漂洗后的织物晾干后解开系扎处，用熨斗烫平后再根据使用目的进行处理，如进行装裱或其他处理。另外，还可以用渲染和拔染的方法来制作扎染作品。

渲染布是移植图画的一种画法而生产的一种面料。制作时可用染料一次次由深到浅逐渐地描绘到布上，也可用同类色和邻近色染料用水稀释后直接绘在布上，让它们自然渗化、连接形成多层次的色彩和图案。另外，也可以用喷笔喷绘染料到布上达到色彩滋润、鲜明和柔和的多层次效果。也可以先在织物上自然撒上促染剂或防染剂，形成深点或浅点效果。用渲染方法生产出来的面料具有"梦幻组合"的神奇效果。

拔染，在民间又被称作"锢水画"，它是用稀硫酸拔出靛蓝布上的颜色而形成蓝白纹样的一种印花方法。在制作时，先将一块织物用植物靛蓝染成深蓝色，然后将硫酸按一定的比例兑稀，用毛笔蘸上稀硫酸液在织物上作画。画完后，将织物放入清水中漂洗干净。由于画上稀硫酸的地方蓝色被拔掉而成为白色，从而呈现出蓝地白色的纹样。这种方法，作画方便，自由度大。

三、扎染材料及用具

1．材料
以棉、丝为原料的各种白色或浅色织物。

2．工具
缝衣针：大小、粗细不同的缝衣针。

线、绳：用于捆绑织物。

染锅：用于盛放染液并且加热进行染色。

加热炉：用来升温以提高织物的染色牢度。

熨斗：在染后把织物熨烫平整。

其他：如扣子、瓶子等可以做出花纹效果的辅助材料。

四、扎染工艺品鉴赏

扎染工艺品如图5-30～图5-41所示。

图5-30　扎染台布围巾

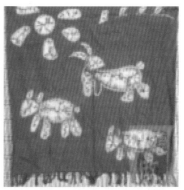
图5-31　扎染《三阳开泰》

图5-32　白族扎染

图5-33　苗族扎染《平安是福》

图5-34　自贡扎染壁挂《遗失的岁月》

图5-35　东巴扎染挂历《兵车马》

图5-36　现代扎染《绚彩》

图5-37　自贡皮革扎染《国宝》

图5-38　现代扎染《浩瀚星空》

图5-39　扎染床品《铺天盖地》

图5-40　现代扎染《霓裳》

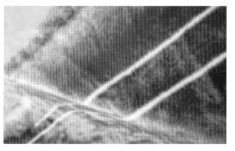

图5-41　现代裘皮扎染《彩裘》

第四节　蜡染工艺与技法

一、蜡染工艺简述

蜡染古称"蜡缬"，是中国传统的民间印染工艺之一，其先盛行之时为湖南凤凰苗族蜡染，是苗族的一种特色。

蜡染是我国民族民间传统工艺品，有2000多年的历史，早在唐代就远近驰名。传统蜡染的制作方法，是将黄蜡、石蜡或蜂蜡等熔化之后用蜡刀蘸上，描绘花鸟虫鱼于白土布上，放入靛蓝染液，经过充分浸染后，加温煮化蜡块，涂上蜡的地方因为没有染液上染而留下白色图案，其他没有涂蜡的区域则染成蓝色，因而在织物上形成特殊的花纹图案。

蜡染这一古老工艺，至今仍在中国贵州，云南的布依、苗、仡佬、水、土、彝族等少数民族中流行。其中最为有名的是土家族蜡染印花布和苗族蜡染土布。土家族蜡染印花注重配色纯净，讲究立意构图，成形的布料呈花异彩流布，幅面艺术风格特异纯美，突出的工艺特点为暖色；苗族蜡染土布注重染色纯，不讲究华美雕饰，给人一种自然纯净的艺术感，突出的工艺特点为冷色。

蜡染在我国古代以蓝色作品为主，现在已发展为彩色蜡染。面料也由单纯的土布发展为丝、绸、缎、绒、呢、纱等，品种上千。主要用作衣料、床上用品、壁挂等饰品，以及帽、包等生活用品。

二、蜡染工艺流程

为了保证蜡在染色过程中不被熔化，所以蜡染采用的是常温染料。蜡染的工艺流程分为以下几步（如果要染色的织物是生坯，在制作前还要进行前处理，处理过程同第三节中的染前处理）。

1. 图案设计

根据个人兴趣和作品用途设计出图案，把设计好的图案绘制在织物上，一般用铅笔轻轻地把图案勾画在织物上，但制作完成后铅笔的痕迹不易去除干净，现在流行用水溶笔进行绘制，水溶笔的画痕在染色过程中遇水溶解，染色后不留任何痕迹。

2. 上蜡

把绘好的织物平铺在桌子上，用酒精灯或其他加热工具把蜡熔化，用蜡刀（如图5-42所示）、毛笔或刷子蘸取蜡液把要防染的部分涂满以达到防染效果。在上蜡时要注意蜡液的温度不能过低或过高，过低会影响上蜡效果，过高会烧坏不耐高温的织物。常见的上蜡方法有点蜡法、刷蜡法、描蜡法、洒蜡法、甩蜡法等。

上蜡后要检查蜡液是否渗透到织物反面，如果效果不是很理想可以在织物反面进行上蜡以保证作品效果。

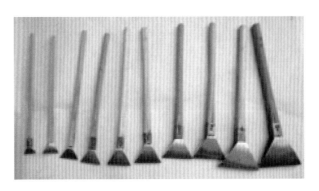

图5-42　蜡染工具——蜡刀

3. 冰纹处理

上蜡后的织物变得较硬，在染色的过程中不停地翻动织物会让蜡发生裂痕，在染色后就会出现深色的纹线，我们称之为"冰纹"。这也是蜡染的一大艺术特征。冰纹虽属于一种自然现象，但如果我们在上蜡后进行有意处理，可达到理想的效果。常见的处理方法有：自然冰裂法、刻画冰裂法、折叠冰裂法、敲打冰裂法等。

4. 染色

把上蜡后的织物放入事先配制好的染液中进行冷染，染色完成后取出到固色液中进行固色，然后漂洗晾干。这是常用的浸染法。

我们也可以采用刷染的方式，就是用毛笔、刷子等工具蘸上染液，刷在织物上。

刷染是用底纹笔或者排笔、毛刷、漆刷蘸上色液在封蜡的织物上轻轻刷涂，可来回刷，使色液达到均匀上染，并使开裂的蜡缝中也浸入染液，形成冰纹。多色蜡染可采用多次封蜡多次染色的办法，也可以多色刷染，干后封蜡，再浸染或刷染别的颜色。

5. 脱蜡

染色之后，即可除去蜡质，此步骤称为脱蜡。脱蜡方法常用的有两种：烫蜡吸附法、开水煮蜡法。

第一种方法是将已染色的蜡染半制品，干燥后放在平整的台板上，在其上下各垫些吸附性较好的纸张，如报纸、毛边纸等。然后用电熨斗反复熨烫。使蜡熔化并从织物上转移到纸张上。此法适用于直接染料和酸性染料染色的作品。

第二种方法是将染色后的蜡染织物放入沸水中煮10分钟，丝织物3 ~ 5分钟即可，待蜡熔化后，将布捞出水洗固色。此外，用沸水浸泡多次，也可脱蜡。

完成以上步骤之后，一幅完整的蜡染作品就完成了。当然，要想制作出一幅满意的作品，还要亲自动手多实践，才能达到理想的效果。

三、蜡染作品鉴赏

蜡染作品如图5-43 ~ 图5-50所示。

服饰手工艺

图 5-43　蜡染《坎儿》

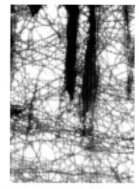

图 5-44　蜡染《梦幻冰裂纹》

图 5-45　东巴蜡染《龙凤呈祥》

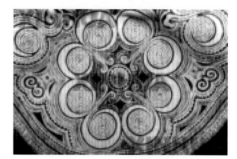

图 5-46　苗寨蜡染

图 5-47　蜡染《与鹤共舞》

图 5-48　蜡染《渔猎》

图 5-49　蜡染《凤凰古城》

图 5-50　东巴蜡染

练习题

　　根据你所熟知的历史传说设计一个系列至少3幅蜡染作品图。要求：采用横向构图的方法，突出地方民俗民风特色。

第六章　手工剪纸艺术

第一节　剪纸寻根

剪纸源于中国。中国剪纸具有悠久的历史，早在新石器时代人们就产生了"镂空透雕"的意念和创作行为。大汶口文化遗址出土的陶豆，后来如周代的铜带饰、战国的银箔空刻花弧形装饰物等，"它们在制作技术上和艺术效果上，都孕育着剪纸艺术，或者说是开辟了剪纸的先河"。

剪纸就是用剪刀剪出的纸品图案花样。剪纸的历史严格应该从剪刀和纸这两种最基本的工具和材料来推算。剪刀比纸的发明要早，剪刀至今约有5000年的历史。《古史考》说："剪，铁器也。用于裁布帛，始于黄帝时。"《史记》记载有"剪铜封弟"的故事，讲述的是西周时期周成王将桐叶剪成玉圭（古代君王赐臣的玉制礼器）的形状赐予其弟姬虞，并封他到唐国（今山西西南）去当诸侯。《史记·晋世家》记述："唐叔虞姓姬，字子燮，周武王之子，成王之弟。武王崩，成王幼年继位。原为殷商侯国的唐发生叛乱，为周公诛灭，封叔虞于唐。"历史记载，成王年幼时与叔虞戏，削桐叶为圭形以予虞，曰："以此封汝。"天子无戏言，遂封叔虞于唐。不管后世对此的真实性有多少质疑和辩论，它却被史书记载流传至今。据考，这是我国剪纸艺术最早见于史书的记载。

而纸是中国四大发明之一，过去一致公认造纸术是蔡伦于公元105年前后发明的。后来在陕西扶风县出土了西汉时期的纸，专家们认为纸在我国出现的时间要提早到汉平帝之前，可能在汉宣帝时期（公元前73～公元前49年）。不管结论如何，在纸发明之前，不会有真正意义上的剪纸。"汉妃抱娃窗前耍，巧剪桐叶照窗纱。"这是汉代记载的故事。宫里的妃子抱着还是娃娃的太子，随手拿了把剪刀，从地上捡起一片桐叶，剪个简单的形状便逗他玩笑。桐叶为什么会和剪刀联系在一起？这与桐叶的叶大，给剪制者很大的发挥空间完成创作有关。东汉以前，与桐叶一样作为剪纸艺术载体的还有布、帛、皮革、金属箔等物。

早在商代就出现了用金箔、银箔薄皮材料剪镂的艺术形式。目前发现最早的商代金箔剪纸《太阳神鸟》距今约有3000年的历史。中国发现最早的剪纸实品，1959～1966年在新疆吐鲁番盆地的高昌遗址附近的阿斯塔纳墓葬出土的动物花卉团花剪纸实物，如对马团花、对猴团花、八角形团花、忍冬纹团花、菊花团花等，均来自公元460年左右的魏晋南北朝时期，从而证实了中国剪纸的历史至今已有1500多年。

而在古代文献里所能看到的最明确、最可靠的关于剪纸的记载，则是唐代大诗人杜甫的诗句"暖汤濯我足，剪纸招我魂"。早期的剪纸大约跟刀架招魂祭灵或民间巫术剪纸招魂有关。在唐朝安史之乱的一次滂沱大雨中，诗人杜甫失魂落魄，投宿到故友孙宰的家中，主人是否按当地习俗给他用"暖汤"洗了脚，不得而知，但他写出了《彭衙行》中的上述诗句，则表明剪纸招魂习俗至少在唐代已出现。

今天苗族仍有在年节剪鬼神之形贴于牛栏或门上的巫术习俗。在过去，人民经常用纸剪成形态各异的物象和人象，与死者一起下葬或在葬礼上燃烧，这种习俗现今仍可见到。

剪纸艺术具有构图丰满、严谨，线条简练、形象突出和装饰性较强等特点。因受工具和材料的限制，它与其他绘画艺术不同，不易表现庞大的场面及太复杂的层次。它要求抓住现实生活中动人的形象加以概括提炼和夸张，用简练和富有装饰的线条表现出来，使形象与特征鲜明突出。

第二节　剪纸工艺与技法

一、剪纸简述

1. 剪纸的特点

剪纸艺术发展到现在，从风格上讲，可分为南北两派。南派细腻秀美，北派粗犷豪放。剪纸常见的手法，大体可分为剪和刻两种。剪是用剪刀铰，线条活泼多变，随意性强，北派剪纸多用剪刀剪制。而刻的方法是用特制的刻刀雕刻，又称刻纸，作品风格严谨、细腻，装饰性强，南派剪纸多用这种方法创作。从表现技法上讲，分为阳剪、阴剪，阳剪讲究"线线相连"，阴剪强调"线线相断"，阴剪阳剪相对相生。

剪纸一般不便于表现层次重叠和庞杂的场面。剪纸简捷、明快的特点，更适合表现夸张性、随意性的事物。剪纸不强调光影和素描效果，更不强调自身色彩的如实反映，有时对物体的比例概念、时间概念也需要模糊，如传统剪纸《鱼钻莲》中的鱼与莲的对比，显然鱼要比实际比例大得多。而《四季果》中的四个季节中所结果实合为一体，就是时间模糊的一例。总之，只要有利于表现创作题材，在适当的环境中变形，正是剪纸所需要提倡的。

剪纸艺术具有写意性、象征性、意象化、创新性、时尚性五个特征。历史证明，与人类的精神发展密切相关的艺术形式，需要不断变化与创新。生活与艺术创作的源泉，反映时代生活的艺术作品会蕴含时代的文化，必然体现时代特征和审美，这是艺术延续发展的一条定理。

2. 剪纸的基本技法

剪纸的基本技法"五要素"是：圆、尖、方、缺、线。要达到剪圆如秋月，饱满圆润；剪尖如麦芒，尖而挺拔；剪方如瓷砖，齐整有力；剪缺如锯齿，排列有序；剪线如胡须，均匀细密。剪口整齐，不留缺茬。这是剪纸最基本的要求。

剪纸从表现形式上可分为单色剪纸、点色剪纸、粉色剪纸、衬色剪纸、绘色剪纸五大类。其中单色剪纸在各地最普遍，数量最多，内容最丰富。特点是虚实对比强烈，明快醒目，风格单纯大方，感染力强。

剪纸的过程一般遵循"三先三后"的原则，即先繁后简、先主后次、先里后外。只有这样有秩序，才能顺利地完成一幅精美的剪纸作品。

服饰手工艺

二、禽鸟的剪法

1. 喜鹊的剪法

喜鹊是民俗中的吉祥报喜鸟，在民间剪纸中常用到。

首先，准备一张色纸对折两次，合成四层，或取四张四色纸用书钉把边缘钉好；在钉好的纸上，用铅笔仔细地将图画好，注意喜鹊头与身体的形态。

剪制：剪喜鹊要注意剪得精神、活泼，因此必须把握好它的外形——细长的身体和尾巴。剪眼睛可只剪一个小圆孔，也可以剪掉一个小月牙留一个小圆点做眼睛。剪纸的语言很少简单地重复客观的物象，总要在反映的事物上添加相关美的东西。如喜鹊身上，不是只剪些羽毛，而是加入寓意性的梅花图案作点缀，这样就让人联想到喜鹊报喜、喜上眉梢、喜事临门等美好意境。喜鹊的爪，如是单独剪站的姿态，可剪成四个爪趾，也可剪一前一后两个。剪喜鹊飞的动态或卧的姿态时，由于爪收回，爪与腿都不用剪，如剪喜鹊站立枝头上的姿态，只剪腿就行，其他飞禽剪爪的方法与喜鹊基本相同。（如图6-1所示）

2. 春燕的剪法

首先准备一张色纸对叠两次，合成四层，钉好边缘；在钉好的纸上用铅笔仔细地画好图，注意画好春燕的头部、双翅、尾巴的动态。

剪制：剪春燕定要剪出燕子的灵巧可爱来。剪时可不剪它的身子，剪好头后，直接剪两翅，两翅后边接着就是一条呈剪刀状的尾巴，这样的夸张是民间剪纸造型所特有的。燕子的头要剪得小巧，花纹可剪成锯齿纹样，也可剪成半个花的纹样，寓意燕来会带来春天，引得百花盛开。（如图6-2所示）

图6-1 喜鹊　　　　　　　图6-2 雏燕高飞

燕子的剪法可用于身体较小的鸟，如麻雀、黄鹂、百灵等，但这些鸟与燕子有一个很大的区别，就在于尾部的不同，剪时要仔细观察，大胆取舍，一定要突出每种鸟的独特部位。

3. 凤凰的剪法

首先准备一张色纸对叠两次，合成四层，钉好边缘；在钉好的纸上用铅笔仔细地画好图，注意凤凰的尾羽大而且有动态。

剪制：凤凰是一种吉祥的神话飞禽，生活中是没有的。它集众鸟的美丽于一身，如锦鸡头、孔雀尾、仙鹤腿等，它身上可添加各种美丽的纹样，预示美好的愿望。剪凤凰头要剪得灵巧、秀美，脖子稍长，双翅大而优美，三尾羽毛舒展自如。剪凤凰关键在头、尾两部分。凤眼要剪得细长，凤冠要向上扬起显得精神。剪尾羽要先剪中心空线，然后再从尾根部剪起，顺着走向剪到羽梢，一定要按这样的顺序剪，不然剪出的尾羽不流畅。另外，这样的剪法练习，为今后的徒手剪打下基础。徒手剪就是剪之前不用铅笔画样，而是成竹在胸，直接用剪刀剪。

凤凰是东方特有的神话鸟，与凤凰有关的传统剪纸题材非常丰富，如《丹凤朝阳》《龙凤呈祥》《百鸟朝凤》《凤戏牡丹》等。（如图6-3所示）

图6-3 凤戏牡丹

三、昆虫的剪法

1. 蟋蟀和蜻蜓的剪法

用铅笔先把两个图分别画好，切记昆虫的动态要突出，如蟋蟀眉弯、腿直、肚大，蜻蜓两翅位置及细肚子的弯曲。

剪蟋蟀的眉，要留意梢部略细，根部略粗。后腿夸张上翘，要剪得直而有力度。剪腿不必按实际剪，只剪三、四条腿表现动态即可。与蟋蟀相配的花很多，与蟋蟀相组合的还有常见的瓜果蔬菜等，这与它的生活习性有关。蚂蚱、蝈蝈的形体和蟋蟀很相近，剪时可参照蟋蟀的剪法。

剪蜻蜓要留意它的头部，不要只剪两个大圆圈表现眼睛，应该加以美化，如剪成两个圆花瓣，或剪两组相互排列的月牙纹样，两对翅膀也可剪成两个大花瓣，这样就与表现眼睛的小花瓣组成一只会飞的兰花形蜻蜓，看上去很有趣。蜻蜓的腿细而短，一般可以不剪。剪与蜻蜓组合的花芯及花蕾时，可用"偷剪"的办法。"偷剪"即不用掏剪，直接从外边剪进去，把要剪的部分剪掉。（如图6-4所示）

2. 蝴蝶的剪法

蝴蝶的种类很多，形态、斑纹、色彩各异，剪时注意求其神，而不是如实照搬。剪蝴蝶要先从它的身体落剪，剪好后再一左一右地从里向外剪一对大翅膀，其次再剪后面的小翅膀，蝴蝶翅膀的花纹可以自行发挥，用点、线、锯齿、花卉的纹路进行点缀，但剪时一定要遵循翅膀伸展的方向性。

图6-4 蜻蜓

蝴蝶的眉细而均匀流畅，末梢夸张成两个圆点，并弯成美丽的如意形状，剪口整齐，不能留剪茬。眼睛多以两个实心圆点表示，腿要短小。

与蝴蝶相组合的花卉很多，几乎什么花都能和它组成图案。传统题材的《蝶恋花》《蝶扑瓜》《蝶恋菜》等，在组合画面中，为了突出蝴蝶，要剪得夸张一些，其他要小一些，不能完全按照客观实际比例。有的瓜果还可以表现切开的形状，表示婚姻结合生子以繁衍后代之意。（如图6-5所示）

图6-5 蝶恋花

服饰手工艺

四、动物的剪法

1. 青蛙和鲤鱼的剪法

用铅笔分别将图画好，注意突出两种动物的特征部分：青蛙的大眼、大嘴，有力的后腿，圆滚的身体；鱼的流线型身体，排列有序的鱼鳞等。

剪青蛙先从眼睛开始，夸张大眼、大嘴的特点，身体的花纹可以只剪几排线，加些圆点作点缀，也可剪几朵花作装饰。与青蛙相组合的花草同它的生活习性有关，多为水草、芦苇等。传统题材《剪除五毒》中的蟾蜍与青蛙造型基本相同，可参照青蛙的剪法。

鲤鱼的剪法也是从眼部开始剪，剪好头部再剪身体。由于鱼鳞排列有序，所以从头部开始剪完一排后，再剪一排。只有这样按顺序剪才不易剪坏。鱼在民间剪纸题材中运用很广，取谐音如《连（莲）年有余（鱼）》，表示期盼年成好；《鱼钻莲》则与婚姻有关，"鱼"意为男性，"莲"象征女性，表示男女亲密结合，幸福和谐。（如图6-6所示）

2. 牛和马的剪法

剪牛先从两眼下剪，突出其大的特点，两耳剪两个月牙纹，夸张锋利的牛角，背部用直线，尾要剪出直硬的感觉，以表现牛性格的倔强。腿不剪或剪得很短，四蹄夸张得大而突出，这样才显示牛的稳健。牛是人类的好帮手，"吃的是草，挤的是奶"，这正是牛的精神，故剪纸中常以牛耕作、拉车、吃草为表现题材。（如图6-7所示）

剪马多用弧线做外形线，突出两耳，夸大长尾，腿要剪得细长而矫健，蹄掌可简略，马鬃用长月牙纹，顺其生长方向剪一组，身上的纹样随意性大，点缀花瓣、草叶、月牙、锯齿纹都行。马是人类的好朋友，古时称为"脚力""坐骑"。传统剪纸中常在马背上剪只猴子，用其谐音表示地位高升，称为《马上封侯（猴）》。在马背部剪金钱纹或元宝纹，则表示"马上发财"的美意。（如图6-8所示）

图6-6　连年有余（鱼）　　　　图6-7　丑牛　　　　图6-8　午马

五、剪影的剪法

取八张纸，分两份钉好。剪影图形是剪纸中特殊的艺术表现手法，根源于何方众说不同。据史料记载，我国现在的皮影，就是从剪影发展来的。

最早的剪影，人们是受灯光投影的启发，故而靠外轮廓线"说话"，这样就要求剪影者既要善于抓住表现物象最有代表性一面的轮廓线，又要把物象自然特征的表现与艺术形式的美巧妙地结合起来，恰当地处理重叠物象之间的造型关系。剪影可以适当夸张反映物体特征部分，如一个人的鼻子较高，剪影时可抓住这一点而夸张他的高鼻子。抓其形的同时，更要注重其神的表现，并以表现其神为根本，这也就是剪影的魅力所在。（如图6-9所示）

图6-9　剪影《母子情深》

六、手撕、香烫工艺

手撕作品需要从构图上选定能表现手撕特征的图样，其特点表现为古朴、豪放，耐人寻味，要求造型取其意境大势，不宜太细。香烫作品的特点是造型随意，趣味性强，要求以香代剪，随火就势，造型不宜写实。（如图6-10、图6-11所示）

图6-10　香烫作品

图6-11　手撕作品

练习题

用红纸剪一方图，以"竹韵"为主题，二方连续图案，要求规格：30cm×30cm。

第三节　山西大同广灵剪纸艺术

一、广灵剪纸的特点

广灵剪纸俗称窗花，是刀刻宣纸、品色点染而成的彩色剪纸，在全国剪纸三大流派中属华北流派。但它是华北流派的点睛之作，具有剪纸艺术共同的特征和自身的独特性，在万花似锦的剪纸艺术中独树一帜，以其造型朴实、刻制精巧、线条流畅、色彩艳丽而著称。

广灵剪纸的独特性表现为：

（1）虽是剪纸，但制作工具是刀而不是剪。

（2）制作效率高。用剪刀剪一次只能剪一层，最多十几层，而刀刻则一次就有几十层，多则可达七八十层。

（3）用色自如，要什么色调什么色、染什么色。染色艳美绮丽、姹紫嫣红，其颜色可调出五六十种，而点染一幅作品用色可达30余种之多，因此彩色剪纸可以达到绘画与剪纸的双重效果。

（4）酒剂的鲜艳水彩可以向下渗透，能达到染上面一张而得到下面数张的染色目的。

（5）染色时，可以做深色在浅色之上和不同色块之间的处理，在酒剂作用下能达到自然的洇染效果。而阴刻的线，在染色中自然成为中断色彩的洇化界线。

二、广灵剪纸的工艺技法

（一）工具与材料

与其他各类剪纸相比，广灵剪纸的制作工艺要复杂许多，要经过设计定稿、制出小样、熏样、整理用纸、浸湿用纸、阴干、踏样、刻制、点染、整修及后期的装帧、包装等15道工序。每道工序都是一个重要的环节，不容忽视，须环环相扣、配合默契方能制出一幅好的作品。（如图6-12所示）

"工欲善其事，必先利其器。"就广灵剪纸而言，剪纸的工具不是很大、很多、很繁，而是比较简单，但要求精致。一般有大小不同的剪刀，大小不同的刻刀，小镊子和胶合板或木板，专业的可用蜡板；剪纸材料是纸张。

1. 剪刀及分类

剪刀的历史非常悠久，战国剪是两股相连的形状。1953年在湖南长沙出土的两股分离、中间带轴的铁剪刀，定为五代时期产品，和现代的剪刀样式基本一致。剪刀可分为：

大剪刀：长5 ~ 8cm，适合剪大的作品，使作品线条流畅、粗犷豪放，有大气阳刚之美，也可粗中见细，凸显潇洒之气。

中剪刀：长2 ~ 3cm，便于迅速转弯和细部、细节处理，多用于剪裁小巧玲珑的作品。

刻刀也有大小不同形状，多为刀头板形，双面开刃，锋利尖锐。一位好的艺人，案头要备存大小刀具20多把。

剪纸时选择剪刀的大致原则可以概括为"大用大，小用小""厚用中，薄用小""硬用大，软用小"，灵活运用。

垫板：垫板的大小不等，通常用A4纸大小、厚度为3cm的木板，四周为2 ~ 3cm的边

图6-12　师傅指导剪纸、刻纸

框，将中间挖成1.5cm深的槽。制好木板后，把黄蜡、石蜡熔成液体浇入槽内，冷却后锤平而成。

配套工具如镊子和磨石等，都是刻制过程中不可缺少的工具。

2. 纸张

自东汉元年龙亭侯蔡伦造纸始，如今已有近2000年的历史。随着现代科技的发展，纸的种类已达数百种。从理论上讲，凡是剪刀可以"咬动"的纸张，都可以用来作为剪纸的材料，而实际多用以下几种：

有光纸（粉连纸）：有32g、35g、40g，较软较薄，用于多层次折叠最好，适宜于剪连体作品。

普通红纸：有50g、52g、55g、60g，常用于折叠剪、平剪、对称剪，不宜太厚。

宣纸：比普通红纸略薄，质地坚韧，有各种颜色，剪纸中多用红宣、黑宣。白色的绵连宣，剪成作品后需染色，比较麻烦。

蜡光纸：有55g、60g，剪纸中经常使用，折叠剪、对称剪、平剪皆宜。

特种纸（名片纸）：有128g、150g、157g，多用来剪立体作品。

一般来说，多层次折叠用一张纸，对称用两张纸，平剪用四五张纸，立体作品用一张纸。用色纸时，把有颜色的一面对折在里面，免得手上沾染颜色和污损色面。

（二）剪刻过程和方法

1. 掌握刻刀的要领

五指齐力，指实掌虚，腕平掌平，手刀一线；掌握纸中心，不论刻方圆长短都要由中心而向外；用刀在纸上刻，就像用笔一样；刻时宜慢不宜快，准确下刀不马虎，端坐正视，认真从事；刀尖要尖、要快，根据纸张软硬选择最佳刀具；纸艺巧刻，线线相连，阳连阴断或阴连阳断。在刻法上常用阳刻、阴刻、阴阳并用刻，选用何种刻法，主要取决于表现的内容和用途，而阴阳并用是剪纸中的主要表现形式。

2. 刻制过程和方法

起画稿：学习剪纸，最好有一定的绘画基础。

剪刻：先把纸张裁好，放在画稿的下面，然后固定在一起，放在刻制桌的蜡板上面。

刀法：使用刻刀主要是用刀尖，要注意刀尖在纸上的角度持正。

染色：是将画稿钉在白洁的宣纸或棉帘上，用阴刻法刻成，然后分五六层为一叠进行点染。（如图6-13所示）

点染用色为品色，将需用色放入有盖的调色盘少许，用酒精调和，调到颜色鲜艳、浓淡合适即成。

（三）装潢艺术

常言道：人靠衣衫，马靠鞍。包装装潢很

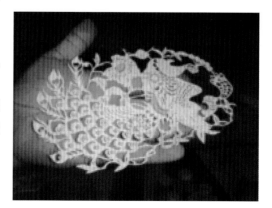

图6-13 剪纸点染

关键，剪纸作品同样是这个道理。

1. 简装装帧法

我们常把构图较小的低档剪纸作品装帧为古书样式。有古香古色之韵味，便于翻看、携带、收藏，且价格低廉，大众易于接受。

具体方法如下：

用塑料透明袋，将衬垫的厚白纸套上；经特制的封皮封底，放在定位尺寸板上，进行打眼，缝制成册。

成册后，将所要装的剪纸图画，分别平、正装在每页衬垫的白色塑料袋中即可。

2. 精装装帧法

精装装帧法与简装大致相同，不同的是：将所需装帧的纸制硬板数层整齐并用装订机打孔后，用线针进行缝制，然后在缝制的一面刷上胶水，待胶水半湿、半干程度，将精制的封面贴实贴严，加压晾干定型后装盒、装袋、装箱。

3. 画轴精装法

对于较大幅的剪纸作品，一般按照书画形式进行装裱，其方法与书画装裱类同。这种作品富丽堂皇，挂在居室特别高雅。

4. 镜框装潢法

首先用切割机取尺寸的框料，两头为45°侧面尖角，再用装订机组装成方框或长方形，选好相宜的剪纸平铺在玻璃上，再盖上纸板钉好钉子并贴上封边胶条，最后顶上挂环。

5. 组合精装法

以造型独特的剪纸取代美女照片的挂历已成为一种时尚。风景的、人物的、十二生肖的各种剪纸挂历，每年都有新作上市。（如图6-14所示）

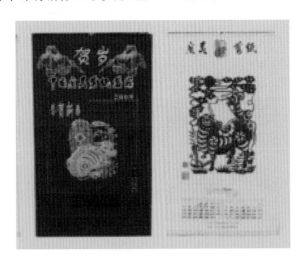

图6-14　剪纸：装帧挂历

三、广灵剪纸的作品鉴赏

广灵剪纸的作品如图6-15 ～图6-23所示。

图6-15　剪纸《云冈石窟佛像》

图6-16　剪纸《美国总统奥巴马》

图6-17　单色剪纸《聚福盆》

图6-18　单色剪纸《清明上河图》（局部）

图6-19　剪纸：脸谱

服饰手工艺

图6-20 剪纸：属相

图6-21 剪纸：蝶恋花

图6-22 剪纸：关公

图6-23 剪纸：娃娃骑艾虎

练习题

请用白色宣纸剪一个四方连续图案"三层团花"，要求选一种主题色，需要三种渐变色效果。

第七章　壁挂工艺与技法

服饰手工艺

壁挂又称"壁饰"，是墙壁上悬挂的装饰物，它虽然依附于环境而存在，但也有着自身鲜明的个性和特点。作为一种物质形态与意识形态共存的艺术形式，在现代室内环境中可以说是把室内环境的物质世界向艺术的精神世界延伸的一种手段，是理想的空间共存形态的外延。它本身不仅对环境赋予了文化意义，而且从形式上还会使人产生美的感受。它与其他学科的社会作用不同，是一种审美作用和教育作用相结合的产物。"怡人性情，涵养人的神思"，其包含的艺术韵味需要制作者去赋予，观赏者去体味，这是一种具有独特韵味的艺术形式。

一、壁挂的工艺步骤

（一）设计构思

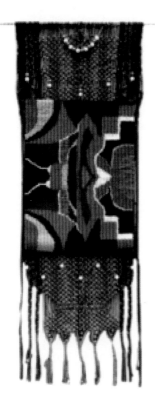

图7-1　编织壁挂

编织壁挂设计是一个综合性的设计过程，不仅包括图案、色彩、形式在内的因素，还包括设计组织结构、制作方法、材料的选配以及考虑设计壁挂的用途等。（如图7-1所示）

1. 构思画稿

可分为两个类型考虑，即写实图案和抽象图案。编织壁挂由于受经纬纱线的限制，一般要求图案纹饰概括性强，简洁、生动，具有一定的装饰性，形式上可考虑点、线、面的有机组合，也可采用独立纹样以及二方连续图案。对图案有了整体上的设计构思后，在实际的工艺制作过程中，还可以一边编制、一边完善。壁挂的色彩搭配要考虑设计者的独特性、摆放环境风格的同源性和协调性等各种因素的统一性。

2. 绘制画稿

一种是采用在一幅白纸上把所需的纹样绘制出来，另一种是在有格子的意匠纸上描绘。对初学者来说，第二种方法较简便，容易把握。因为意匠纸上的横竖可以当作经纬纱线，这样在编织壁挂的过程中，图案和纹样就不易变形，可保持纹样的设计美感。

3. 织物组织结构的绘制

可以用意匠纸来完成，把所需的织物组织结构、形式绘制在纸上，便于在编织过程中将编织实物与之对照，不至于弄错组织结构之间的相互交替、搭配、组合。因为这一步骤直接影响到编织物机理、质感的视觉审美，所以绘制织物组织结构图是一个重要的程序，不能忽视。

（二）工具材料与制作

1. 准备工作

主要是选料，即选择材料的种类，如棉、麻、丝等；并股，即将挑选好的材料再根据设计，捻或合并成所需要的粗细；染色，即将选好的材料根据设计稿色进行染色。编织所需的材料准备好后，把辅料也准备好，如作点缀所需的小木珠、小金属扣饰等。

2．装造的主要工作

选择好木框，然后牵经卷纬，把设计需要的经线排装在编织木框上，经纱则卷绕在梭子上，准备编织。

3．制作步骤

开口：把经线分为上、下两层，形成梭口，以便进行下一道工序。

投纬：把梭子穿过梭口纳入纬线或直接纳入纬纱。

打纬：把编织的纬线根据需要向编织口与经线紧密交织。

反复：重复以上两步骤，直至编织完成。

整理：根据需要整边、理穗、齐绒、拉毛、烫平、压平、装潢等，使壁挂织物作品更加完善，达到室内陈设要求。

二、绳编壁挂工艺与技法

绳编壁挂即用各种纤维制成的绳、线，通过一定的基本结法和变化结法，设计制作的壁挂品。绳编壁挂的结法和变化，是在总结了中国传统结绳技法的基础上，结合其他民族的绳结工艺经验形成的一套专门用于绳、线编结的特色工艺技法。

（一）基本结

1．云雀结

云雀结常用于一些作品的边缘，做成流苏。首先将绳索固定在一定的位置，将准备好的绳对折起来绕在棒、杆或绳上，然后绳头从形成的圈中穿出、拉紧，形成一个"云雀头"结。

2．平结

常用平结的编结步骤：用左边黑绳压住中间的一组绳，与最右边的绳相交；将最右边的绳与最左边的绳相交后，从后面绕过中间那组绳，然后压住最左边的黑绳穿出；处于最右边的黑绳绕在中间那组绳上，并压住；处于最左边的那根绳与黑绳相交后，再从后面绕过中间的那组绳，从黑绳形成的圈中穿出。（如图7-2所示）

3．双半套结

（1）从左到右的编结步骤：用右手拿紧主绳（黑绳），并用黑绳压住白绳，左手拿住白绳；白绳绕黑绳一圈，左手从后面拿住白绳的绳头；将白绳穿进由黑绳与白绳形成的圈内；整理平复，拉紧黑绳，即形成一个双半套结；从右向左的编结步骤与上述恰好相反。

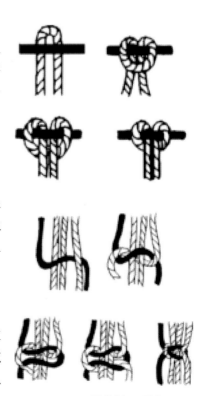

图7-2 云雀结、平结

（2）"之"字形双半套结：当制作好一排水平运行的双半套结之后，将主绳（黑绳）折回；用手将黑绳摆在你所设计好的位置上，其他绳再绕主绳分别进行双半套结的制作，即形成。

（3）叶片形的双半套结：先用最右边的黑绳作主绳，弯成叶片样的弧线，其他绳绕主绳打双半套结；叶片下半个弧形仍用最右边的一根绳作主绳弯成，其他绳绕在上面打双半套结。（如图7-3所示）

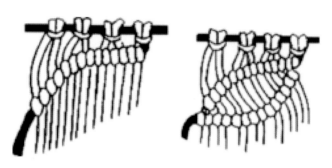

图7-3　双半套结

几种不同的叶片变化：

① 分别将一排挂好的绳分成两组，然后编结出两片不同方向的叶形。

② 用两片叶形中拉出的两根主绳，结一个"两根绳的平结"，然后再用做完平结后的两个绳头，分别做下面两叶片的主绳。这样就做成四片向心的叶形图案。

③ 先将挂好的绳分成几组，分别先结出一排叶形，再在两片叶子中间结出第二排叶子的造型，依此类推可形成大块的叶状织物。

4. 双半套结的另外几种效果

（1）Y形效果：先倾斜编出两排长短一致的双半套结斜线造型，然后分别在每一斜线造型的中间取一根绳作主绳，错开编出两排双半套结，便形成了与叶子造型不同的另外一种形式。

（2）X形效果：将挂好的绳分成两组，左边一组结一排倾斜的从左向右的双半套结，右边一组结一排倾斜的从右向左的双半套结。然后从左边的双半套结中间拉出一根绳，做下一排的主绳结的一段与上一排的双半套结并排。再从右边的造型按同样拉出一根绳作主绳，结一排双半套结，然后再从这排结中间拉出一根绳作主绳完成X形的右下角。最后继续将X形的下端两部分完成，即组成一个完整的X造型。

5. 双半套结的垂直运行

首先，左手拿住白绳，右手拿住黑绳，从白绳下面绕出，并绕一圈；将黑绳穿进由白绳与黑绳形成的圈内；拉紧白绳使之垂直，整理好黑绳，即形成一个垂直的双半套结；左手再拿住第二根白绳，右手继续拿住刚打完前一个结的黑绳绳头，将黑绳绕白绳一圈穿进白绳与之形成的圈内，即形成第二个垂直的双半套结；依此类推，即结出垂直状的大块面双半套结。

6. 单半套结

单半套结基础：用左边的绳子压住右边的绳子并绕一圈，从形成的圈中穿出，即形成一个最基础的单半套结。

单半套结变化形式的"锁边结"：将最基本的单半套结的主绳由原来的一根变成几根，则称为编绳的"锁边结"；连续的单半套结也可称为"锁边结"，其形状与衣服的扣眼锁边相似而得名。编一段锁边结后，第二段锁边结与第一段错位编结，即形成很有感染力的网状织物。

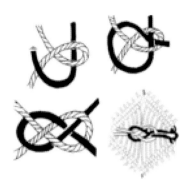

图7-4　约瑟夫结

（二）变化结与装饰立体结

在绳编壁挂手法上，还常运用一些附属的装饰结形式，如用绳编成的穗、须、球、棒、环、条带等，这些结丰富了壁挂的装饰美，在工艺技法上也显得变化多样。

1. 约瑟夫结

先将白绳扭一下形成一个圈；黑绳压在已成圈的白绳上，从白绳的一根绳头下通过；黑绳压住另一根白绳的绳头，穿过白绳形成的圈压住黑绳，再从白绳下面穿出去；将所有的绳整理平复，即形成一个约瑟夫结的中心结；然后，再用双半套结编结出一个倒"人"字，就形成一个完整的约瑟夫结。（如图7-4所示）

2. 中国帝王结

先将白绳弯出"弓"字形；第二根绳（黑绳）从第一排白绳下穿出，然后压住第二、三排白绳；黑绳从三排白绳下穿过；黑绳从后面绕到前面，压住第一、二排白绳，最后从第三排白绳下穿进；拉出绳头，将结整理平复，即形成一个中国帝王结，也就是中式结。（如图7-5所示）

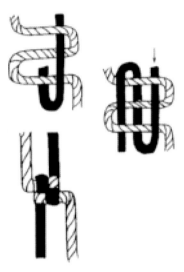

图7-5　中国帝王结

3. 皇冠结

白绳与黑绳呈"十"字交叉，交叉点可用图钉暂时固定，四根绳头标出序号；绳头1向顺时针旋转右压住绳头2；绳头2同样顺时针压住绳头1和4，绳头4继续顺时针压住绳头2和3；绳头3压住绳头4和1，并从绳头1形成的圈中穿进；将旋转的绳头整理、拉平，即形成与中国帝王结相似的皇冠结。（如图7-6所示）

4. 三角结

将黑绳弯成一个卧倒的"U"形；用白绳压在黑绳上，绕到黑绳下面出来；将从后面绕出的白绳压住交叉的黑白绳后，从黑绳形成的圈中穿出；将绳整理平整，即形成一个完整的三角结。

5. 单情人结和双情人结

先用白绳打一个单结，黑绳从白绳形成的圈中穿出，即

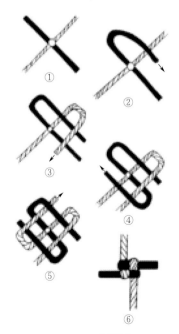

图7-6　皇冠结

形成一个单情人结；再用白绳打一单结；用黑绳从白绳形成的圈中从下往上穿过，穿出的黑绳再打一个结；将两个结分别整理平整，即形成一个双情人结。

6. 单股链结

左边的黑绳压住右边的白绳，并缠绕到黑绳后面穿出；右边的白绳再压住左边的黑绳，同样绕到后面并穿出，即结出一个单元的单股链结。

7. 念珠结

四股绳先打一个平结，间隔一点距离后，再继续打六个平结；中间的两根主绳和左右两边的两根绳分别从第一个平结与第二个平结之间的三个间隙中穿进去；将所打出的平结卷起来形成珠状，然后再结一个平结以便固定，即完成一个念珠结。

8. 小贝壳结

先用四股绳结出一个平结；然后用中间的两根主绳打出五个单股链结状的小棒；最后再用四根绳打一个平结，并使第一个平结与第二个平结靠近，使单股链结突出，即完成一个小贝壳结。

9. 浆果结

先准备一些绳，使其为奇数，然后用云雀结将这些绳结在另外的绳或杆上；将挂好的绳分成两组，并用双半套结结出一个"八"字形的造型；然后分别在双半套结下面编两个平结；将编成平结后的两组绳交叉起来相连并编出块状的双半套结；编完双半套结的两组绳分别再结出两个平结收尾，编的过程中，将平结收紧，便可使所有的双半套结凸起，形成很有立体感的浆果结。（如图7-7所示）

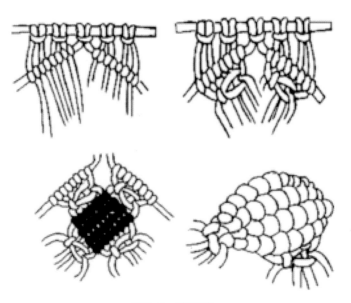

图7-7　浆果结

🎍 三、织物拼贴壁挂工艺

织物拼贴最早出现在现代美术流派中的抽象拼贴绘画作品中，是吸收了拼贴绘画后，逐渐发展而成的一种装饰方法。其主要特点是：结合多种纺织材料，选择不同的色彩和图案，通过间接拼贴形成的一种具有装饰美感的壁挂形式。（如图7-8所示）制作步骤：

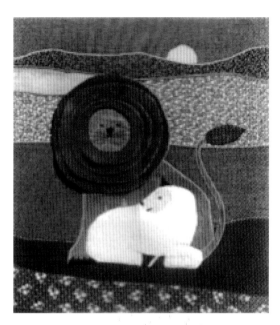

图7-8 织物拼贴

① 选择心仪的素材创作，绘制简易草稿；确定构图，绘制1∶1画稿3～5幅。

② 收集织物选择符合需要的色彩、图形；对于一些有特殊效果的色彩，需要自行染配；分类拼贴排列，观察效果；确定排序后，根据图案要求，用笔画出所需裁剪的形状，这一步骤需要精准。

③ 裁剪好的布料，贴在一块纸板上，然后用专用喷雾胶水喷背面；用镊子捏住喷过胶水的织物开始拼贴，织物间边缘要严丝合缝。

④ 完成拼贴后织物背面需要用衬布缝制起来，用熨斗烫平，以拼贴剂固定；边缘部分和画面局部需要缝制的，即用缝纫机选择不同针脚尺寸来完成。

⑤ 用小型装饰物点缀，增加立体效果，与背景平面的效果形成对比的视觉感。

四、织物绗缝壁挂工艺

织物绗缝壁挂也称"镶饰"壁挂，是一种通过针线双缝织物边缘，在织物衬里填充布料的加工方式。其基本特点是以"拼、补、绗、缝"四种工艺手法为主。最早在民间应用的，目的是节约材料而把各色布头、碎料拼补绗缝在一起做成室内床上用品。之后，人民逐渐发现这种形式具有一种特殊的美感，同时还可以达到一种艺术的欣赏目的，其创作突出了装饰性及色彩的丰富变化。通过织物的绗缝，体现设计中的点、线、面的有机组合，强调其手工缝制的痕迹，再加上现代科技提供的材料不仅仅局限于棉、麻、丝、化纤等，使古代的绗缝艺术焕发了新的活力，其艺术的表现力有着多元化的发挥和运用。（如图7-9所示）制作步骤：

图7-9　织物绗缝壁挂

① 绗缝壁挂创作灵感来自古老的花园及兔子的造型，并通过排列植物、动物的形象为其设计的构思，以较古朴、典雅、自然的色彩为基调。

② 以选择织物面料为主，选择一些面料图案有花卉、草叶及几何纹样的布料以备用；把织物面料裁成 2 ~ 3cm 宽的布条以备用。

③ 根据设计构思排列这些布条，并根据形状外形及色彩与色彩之间的变化，协调统一排列。

④ 把剪好的布条通过有意识的排列后，用缝纫机绗缝在一起；部分缝制好后，开始根据设计要求，把多种色调、质地的布料用对角线、正方形的格式组合；然后选择不同图案的布料剪成条，缝制其中，以点缀其间。

⑤ 用一块透明纸模板剪成一个兔子形状，用别针别在布料上，沿着边缘剪出兔子形布料；然后上胶，用熨斗烫在有绿色植物图案的布料上；再用锁边机在兔子的边缘绗缝，形成刺绣针迹，然后在壁挂的四个角上缝制蔬菜图案。

⑥ 奔跑的野兔和蔬菜缝制完后，在四边的外部就可以准备绗缝底部植物，用聚酯棉花缝在一起，减去多余部分，四角位置确定后用别针别住。

⑦ 用木质绣框选择需要绗缝的部分，开始手工绗缝；其他部分为了不让面料与内衬聚酯棉花松动，用针别住，固定好。

⑧ 手工绗缝与机器缝制为了保持一致，除了用线一致外，还要在刺绣缝制的针迹上有所限制，不能过大或过小，并且绗缝在织物的同一层面上。

⑨ 用透明纸模板剪好形状，用针别住，用专用的白色铅笔画出模板的外形；依附于木框绣架，用线绗缝出前面用白色铅笔画出的线形。

⑩ 用一些金属小饰品点缀壁画，以增加情趣。这种缝上去的小补充装饰品，可以整体地体现一种绗缝壁挂艺术品的精巧程度和很高的欣赏效果。

壁挂艺术在其发展过程中，由于材料及加工工艺方法的不同，出现了很多类型，特别是受现代艺术思潮的影响，可以在继承传统工艺技法的基础上，用创新思维、创意观察，充分发挥自身的潜能，创作出具有独特风格的综合形式的纤维织物壁挂。从中可领悟到对于绘画、雕塑艺术的借鉴与吸收，以及现代工艺革命带来的机械加工工艺引入的多种效果，这一切都使得纤维艺术壁挂这一形态更趋向艺术性、观赏性、综合性。

五、壁挂工艺品鉴赏

壁挂工艺品如图7-10 ~ 图7-13所示。

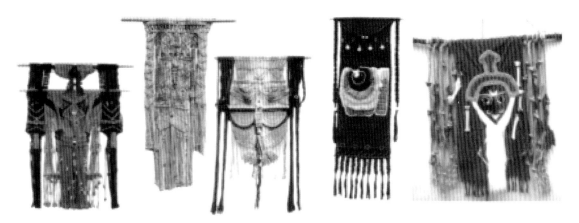

图7-10　绳编壁挂

图7-11　拼贴壁挂

图7-12　草编壁挂

图7-13　毛线壁挂

练习题

　　利用废旧毛衫、麻袋片、塑料膜、包装袋、易拉罐等色泽不一质地不同的材料，搭配一些新线料，运用本节所学至少一种结式，设计一款自己喜爱的创意壁挂。

　　要求：

　　1.长宽比例不限，形式内容不限，拼贴织物不限，可采用吊挂或张贴的方式展示；

　　2.用大头针将标签固定在作品的中下方，展示版面规格120cm×240cm；

　　3.标签字体为仿宋四号加粗，如"设计构思"所填写空间不够可延伸，制作如下：

作 品 名 称	
作 者 姓 名	
专 业 班 级	
设 计 构 思	
所 用 材 料	

服饰手工艺

第八章　堆锦工艺与技法

一、堆锦工艺的概念与特点

堆锦，原名"堆花"、"堆绢"，是一种以丝绸为面料的工艺画及其制作工艺的统称，原意是堆起来的花。事实上这种工艺不仅可以堆制花卉，还擅长堆制人物、动物、景物等，是盛行于山西省长治及其周边地区的一种传统工艺。为了准确地表达这种工艺的特点和产地概念，1964年由原山西省手工业管理局工艺美术处将其正式定名为"长治堆锦"，简称"堆锦"。

被誉为立体国画的"上党堆锦"在传统的基础上融入了中国画特有的技法，既保持了中国画的燥润干湿、虚实并重的笔墨韵味，又借鉴了浮雕强烈的立体效果，并兼容了绸缎的雍容华贵，经过精良的选材和技术的改革，还具备了不生蛀、不褪色、永久保存的特点，成为人们喜闻乐见的手工艺品。

二、堆锦工艺的历史

堆锦最早起源于唐朝，那时唐玄宗李隆基登基前曾以临淄王的身份兼任潞州的地方长官。正是这位喜好艺术的翩然皇子把宫廷里最精美的堆绢工艺带入民间，即以各色丝绸锦缎为原料，拼贴成人物花鸟、奇珍异兽。绫罗绸缎已然花团锦簇，再用它们作画，是何等光泽。堆锦色彩艳丽、形象生动，因其精湛的工艺和浮雕般的效果被人们称为"立体国画"，距今已有千余年历史。

这一手工技艺历经1300多年的发展日臻完善。1915年李模父子的一套春夏秋冬堆锦四条屏，以其独特的造型和精湛的工艺荣获巴拿马万国博览会银质奖，蜚声海内外。悠久的历史，精湛的技艺，变幻莫测的纹理，优美而又不失质朴的情趣，形成了堆锦艺术独特的视觉效果。它用丝绸锦缎特殊布料重新诠释传统意义上的绘画，化平凡为神奇，给人以耳目一新的感觉，是我国民间传统工艺美术中的一朵奇葩。

长治堆锦的形成和发展，曾经历了一个漫长的过程，凝聚着历代堆锦艺人的聪明智慧，同时也在一定程度上反映了长治地区社会、经济、文化诸方面的发展水平。它是一项具有悠久历史、精湛技艺、鲜明地方特色的传统工艺，是我国宝贵的民族文化遗产的一个组成部分。

然而，直至20世纪70年代之前，长治堆锦尽管也曾组织过一定规模的恢复生产，各级新闻单位也曾对其做过一些报道，长治堆锦开始有了一定的知名度。但由于历史的原因，长治堆锦的两代艺人李模、李时忠父子并没有为我们留下任何直接的文字材料，其堆锦作品也大部分散落在山西各地。人们对长治堆锦的了解还只是停留在20世纪50年代和70年代工厂化生产的那个阶段。而对长治堆锦最引以为豪的民国时期，乃至清末时期的生存状况则知之甚少。

三、堆锦工艺的传人

1. 著名艺人

山西省芮城博物馆收藏着一幅八条屏，《郭子仪寿诞图》属明朝物件，北京广化寺收藏的两幅堆锦《富贵荣华》和《福寿三多》，据考证已有近2000年历史，这也成为堆锦工艺起源于唐宋时期的重要佐证，但这些作品的制作人均不详。

新中国成立后著名艺人：20世纪初：李模；50年代：李时忠；70年代：弓春香、王保善；80年代：弓春香、王保善、王俊庭、王俊英、王俊丽；90年代：弓春香、王保善、王俊庭、王俊英、王俊丽、薛跃嫔、李刚、李慧芳；21世纪初：弓春香、王保善、王俊庭、王俊英、王俊丽、薛跃嫔、李刚、李慧芳、陈榕、李懿雯、段鹏飞。

1915年，长治堆锦艺人李模和他的四条屏"春、夏、秋、冬"在罗马万国博览会中获"银奖"。1957年堆锦艺人李时忠出席全国首届工艺美术艺人代表大会，受到朱德等领导同志接见。70年代初，弓春香女士担起了振兴"堆锦工艺"的重担，经过苦心钻研，在传统的基础上进行了大胆的改革、创新，形成了自己的特点。

2. 上党堆锦传人弓春香

弓春香，女，1943年生，山西祁县人，擅长上党堆锦画工艺、工笔画（图8-1）。近四十年来为使"中国一绝"上党堆锦画传承、发展下去，专门研究"上党堆锦画"工艺。将中国画技法和浮雕艺术融入传统上党堆锦中，使濒临灭绝的上党堆锦画工艺有了新的突破。1995年被文化部授予"中国一绝"证书，同年获山西省首届民间艺术展"金奖"，1996年取得国家发明专利证书。"堆锦画"作为一种重要文化遗产，受《中华人民共和国文物保护法》保护。

图8-1 弓春香

她堆制的上党堆锦画[1]作品多次获国家金奖，并受到外国友人的赞赏和好评。

1975年《秋翁遇仙记》参加国际贸易展获优秀奖；1989年《千娇百态迎朝阳》入选山西省美术作品展；1991年《长寿图》获山西省第八届运动会体育艺术作品展"优秀奖"；1995年《湘云醉卧芍药荫》在山西省首届民间艺术一绝展中获"金奖"；1995年《湘云眠芍》[2]入选中国民间首届艺术一绝大展，被文化部授予"中国一绝"的称号；1998年《红楼梦》系列获中国沿海国际贸易组委会金奖，《刘姥姥游园》获中国发明家协会金奖，《赏梅》获中国最新产品博览会金奖；2001年上党堆锦画登上我国宝岛台湾，并与大宝东有限公司林国伟先生签订了亚洲独家代理的合同。2003～2005年每年参加平遥国际艺术节展出，获外国友人好评。2003～2007年参加山西省一会一节和非物质文化遗产展出中独领风骚。2008年，《观音》《罗汉》系列堆制成功。近年来，上党堆锦画以它的独特魅力，成为手工艺品中的佼佼者。2008年被确定为第二批国家级非物质文化遗产（图8-2）。

为使"堆锦画"发扬光大，在省委，市政府，省教委，市教委的大力支持下，弓春香于1996年成立了以"堆锦画"为龙头专业的艺术类中专学校——黄河工艺美术学校。堆锦画是中国民俗艺术精华，从它身上真正体现了中国传统文化一脉相承，体现了中华民族文明渊源的完整性和异曲同工之妙。而在今天随着经济繁荣，堆锦画远销中国香港、中国台

---

❶ 2010年长治黄河工艺美术学校调研，堆锦作品市场价格：60cm×60cm 3000元；80cm×80cm 4500元；100cm×80cm 10000元；120cm×120cm 34000元。

❷《湘云眠芍》：1996年中华人民共和国国家知识产权局授予发明专利证书，专利号：21 96.108382.4；国际专利主分类号：B 44C.1/10。

图8-2 国务院、文化部颁发"上党堆锦"为
"国家非物质文化遗产"

湾、美国、日本等地，成为弘扬文化，加强民族团结的纽带，也对世界各国的文化交流起到了不可估量的作用。

为使上党堆锦画后继有人，1996年弓春香老师就在省政府、市政府、省教委、市教委的大力支持下成立了以"上党堆锦画"为龙头专业的艺术类普通中专院校——黄河工艺美术学校。而为此，弓春香老师几乎变卖了所有的家当。1996～2009年黄河工艺美术学校向各大院校输送学生360多名，从事工艺美术工作的220多名，为国家培养艺术人才共600余名。以"上党堆锦画"为龙头专业的黄河工艺美术学校，形成了产教结合、校企结合的规模，为上党堆锦画的发展壮大奠定了坚实的基础。

弓春香老师仍忙碌着，每天都坚持上课，向学生们传授知识，手把手地教他们进行创作。现在她只有一个愿望：多培养人才，把中华民族独有的上党堆锦画这门艺术发扬光大。

3. 堆锦工艺传人涂必成

走进那可称作"世界唯一"的长治堆锦研究所，可以感受到的是一种神圣的使命感和高度的责任感。窗外的夕阳如血，窗下的一张桌子上随处摆放着五光十色、色彩斑斓的丝织品和布料，一位老艺人戴着花镜正在熟练地把一块锦缎包在照图纸剪裁成贴有"飞边"、絮有棉花、压有纸捻的硬纸板上，并根据设计图案的要求在锦缎上拔出硬褶或是捏出软褶。这项工艺从设计图案到依图剪出板样，再覆以锦缎布料，絮棉花使图案呈现立体感，对主要和一些所需部位贴以金、银、彩线，彩绘人物面部、手以及其他需要彩绘的部位，最后拼贴堆制成具有浮雕效果的工艺品，需要耗时数月甚至更长的时间。上党堆锦以堆制人物、花鸟见长，工艺独特，技艺精湛，用丝绸锦缎特殊布料重新诠释传统意义上的绘画，既能美化环境，又有观赏品位，更具收藏价值。窗下的老艺人，一个为积极抢救这门有着千余年历史文化的艺术遗产奉献着毕生精力的高级工艺美术师——涂必成，长治堆锦研究所所长。

上党堆锦因其千余年间一直采用"传媳妇不传闺女"的封建家庭式传艺方式而无法与市场化的操作相得益彰，加上手工制品价格昂贵，不为国人接受，产品被迫停产、转产。从那时起，上党堆锦渐渐地从人们的视线中消失，就连本地了解堆锦艺术的人也寥寥无几，堪称"中华一绝"的上党堆锦艺术在延续了千余年之后，面临灭绝的危险。从1968年在长治市工艺美术厂参加工作起，涂必成就深深爱上了这门古老而又多姿的手工艺术。这时，从事堆锦艺术达三十多年的他眼看着上党堆锦即将销声匿迹，一种保护祖国传统工艺美术的责任感和历史使命感让他义不容辞地担负起上党堆锦抢救、恢复、保护、开发和工艺创新的工作。

1997年，他组建了长治堆锦研究所。研究所成立伊始，只有他和两个徒弟，一共三个人。这时，李氏已经没有了能制作堆锦艺术的传人，其他的一些工艺美术师也因为从事这项工作的清贫而离开了它。从2000年到2001年的两年里，研究所面临的最大的困难就是缺少资金。涂必成把自己的工资都用来支付了所里的支出，然而还是不够。他的朋友都知道那两年里老涂四处借债，把能借的人都借了。就这样，涂必成抱着不能放弃堆锦，总有一天会好的信念筹措资金，物色人才，克服了重重困难。2001年，为了开辟堆锦的市场，涂必成将上党堆锦的研究课题转向了佛教文化，填补了佛教文化中没有堆锦作品的空白，也为堆锦开辟了新的生存领域。

期间，涂必成经过多年的潜心研究，数十次的试验，解决了长治堆锦千余年间最令人头疼的虫蛀问题。他们采用新型锦缎布料，并对其进行特殊色彩处理，使作品中的各种动物呼之欲出，珍禽异鸟活灵活现，琼花仙草逼真诱人，堆锦作品也从此能保存五六百年。

克服了虫蛀问题以后，涂必成又开始在堆锦的立体效果上狠下功夫。人物的头发、眉毛，以及动物的羽毛都用丝线一根一根粘上去，人物的面部采用纸壳成形，细致到每一道皱纹都能呈现出立体效果。新的堆锦作品更加形象逼真、美轮美奂。

2002年8月，涂必成的新作《文殊师利菩萨》在北京举办的中国工艺美术博览会上荣获最高学术奖"华艺杯"银奖，《刘备和五虎上将》《四季图》《四美图》等条屏获优秀奖。紧接着，他和他的同事们又用一年时间完成了一套以佛教内容为题材，多达94幅条屏，长达40m的观世音菩萨《大悲心陀罗尼经》，将经文上的94个佛教人物堆制得惟妙惟肖，栩栩如生。而另一幅《西方极乐世界图》，长7.2m，宽2.8m，是第一幅也是最大的一幅堆锦壁画。2005年10月，他的《观音、文殊、金刚手》获得在杭州举办的"2005百花杯中国工艺美术精品奖"最高奖。11月，中国乡土艺术协会在人民大会堂给长治堆锦研究所颁发了中国乡土文化艺术特别贡献奖。（如图8-3所示）

图8-3　涂必成先生亲自动手创作堆锦画

在涂必成的研究所里，保留着各个时期的堆锦作品，为上党堆锦艺术遗产的保护和发展留下了宝贵的资料。现在研究所里已经有15个人从事着这门工艺，他也物色到了两个很优秀的徒弟。2005年年初，长治市政府给他拨款20万元，他用这笔钱盖了新房，研究所从原来窄小破旧的地方搬到了宽敞明亮的大房子里。堆锦艺术已经申请了山西省的国家级非物质文化遗产保护。上党堆锦的前途开始见到"光明",但对于它的保护和发展仍旧有许多工作要做,也需要有更多的有识之士加入到保护和发展堆锦的行列里,这朵民间"奇葩"才会永不凋敝。

四、堆锦工艺的发展

目前,堆锦工艺由于缺乏必要而有效的保护,已有面临消亡的危险。要想继续发展下去,必须向"专业化""职业化""市场化"的方向转变,使其尽快脱离平民生产化,而进入艺术品市场化、规模化、集约化的发展模式,更新体制和机制,改变以下不良状态。

1. 在人才的组织和培养方面

由于堆锦工艺不是简单的手工艺品,需要制作人有良好的美术基础,并有多年的堆制经验。而现有的继承者却不足10人,对于这门需精工细做的民间工艺,现在的年轻人愿意继承和学习的更是少之又少。

2. 在资金来源方面

由于资金的缺乏,政府补贴不足,社会资金来源少之又少,靠产品销售运行周转资金流循环周期长,不利于再生产投入,大规模的批量生产更是难以实现。

3. 在堆锦工艺藏品方面

堆锦工艺历史悠久,但流传下来的珍贵藏品却甚少,尤其是对古代早期堆锦画作品的收藏件数量甚少,博物馆收藏的藏品也屈指可数,仅有的民间藏品也因种种原因而流失,这都不利于"堆锦画"工艺的整体性保护。

五、堆锦工艺品赏析

堆锦工艺品如图8-4～图8-9所示。

图8-4　涂必成堆锦经典作品《极乐殿堂》

图8-5　堆锦作品《孔子》

图8-6　堆锦经典作品《千手观音》

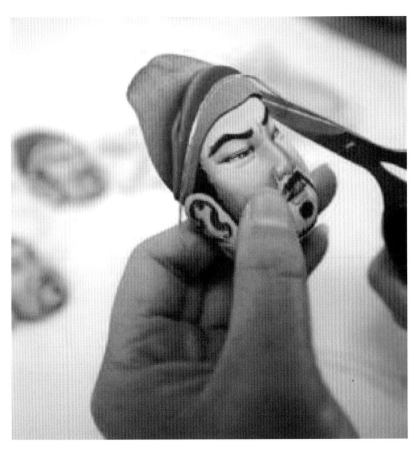

图8-7　堆锦部件《关公》

服饰手工艺

图8-8　财神

图8-9　香荷

第九章　山西高平米山民间墩画（花）工艺[1]

❶　2011年山西省社科联"十一五"规划重点课题:民间手工艺墩画（花）的抢救性保护研究,项目编号:SSKLZDKT2009100；主持人：赵晓玲(1966.12—　)，副教授，服装设计师高级技师（一级），晋城职业技术学院技能鉴定中心主任。

第一节　墩画（花）工艺简介

　　农村民间手工艺是传统工艺美术在农村加工生产的一部分，是广大农民长期生产、生活实践的结晶，是中华民族优秀传统文化的重要组成部分，也是人类社会珍贵的文化遗产，为各个时期农村的经济、社会、文化建设都做出了巨大贡献。随着现代化进程和经济全球化步伐的不断加快，人们生活方式的改变，以及外来文化的影响，民间手工艺发展既存在发展的机遇，也面临着严峻的挑战，如何有效保护、传承并促进其产业化进程，是当前迫切需要解决的问题。

　　山西省高平市米山镇米山村就曾有这样一种近乎绝迹的民间手工工艺——墩画（花）。墩画（花）工艺不仅存在着潜在的学术价值和商业价值，对地方民间艺术也有着深远的影响。墩画（花）工艺、墩画（花）艺人、墩画（花）的构图方式、墩画（花）内含地方民间故事、历史传说、地方风俗等，都不得不引人瞩目，从而有传承民间艺术、让墩画（花）这一地方民间艺术奇葩永久绽放人间的愿望。

一、墩画（花）工艺的现状

　　墩画（花）是一种土生土长的民间工艺，以布作底，用各色棉布、棉花作画，完全靠手工墩制而成，具有软体浮雕的效果。墩画（花）这种近乎绝迹的民间手工工艺，在本地传统文化的渲染和沐浴下，经过演变和发展，其工艺自成体系，多采用民间传说、民间故事、地方风俗等内容来构图。独特的题材、独特的构图方式、独特的工艺方法给人以独特的艺术享受。这些完全靠手工墩制成的工艺品，各种人物形象栩栩如生，各种动物形态呼之欲出，有"立体国画"的美誉，它和布老虎、蒸花馍、剪纸等民间艺术一样，具有鲜明浓郁的地方特色，是中华民族宝贵的民间文化遗产。

　　墩画（花）这种工艺技术目前仅存于山西境内，主要发源地是太行山东南区域，主要以山西省晋城市所属高平市米山镇米山村的墩画（花）工艺最为成熟。目前掌握墩画（花）这种传统工艺的艺人共有三位，其中一位已经去世多年，另两位也都是七十五岁以上的老人！由于传统民间艺人老龄化以及新生力量的资金投入不足等原因，造成墩画（花）这种传统民间工艺难以为继、后继无人的现状，因此保护墩画（花）这种传统民间工艺迫在眉睫。

　　在市场经济的大潮下，墩画（花）工艺既有发展的机遇，也面临着生存的危机，其继承和发展面临着诸多不利因素。墩画（花）工艺生长在比较封闭的山村，发展相对落后，这需要更多社会力量的支持以及政府的关注和扶持。如果能把墩画（花）工艺的传承、保护与开发，与墩画（花）推向市场、丰富当地旅游纪念品市场结合起来，将有利于形成内涵丰富的文化产业，使当地百姓从中获得实惠。

　　墩画（花）是中华历史地域文化的一种载体，是米山地域文化的重要组成部分，是一项珍贵的民族文化遗产，对于当代社会发展有重要的价值。墩画（花）一方面可以增强当代社会人们对传统文化的了解与认识，重新审视传统文化的魅力；另一方面可以发挥作为传统文化的原生态、原动力、原创性优势，挖掘并激发其本身所存在的合理的文化内涵，并想方设法转换成推动当代社会文化发展的重要资源。在经济全球化、社会现代化文明的进程中，文化的多样性与文化生态日益遭到冲击与破坏。因此，对墩画（花）工艺的保护与传承，在某种意义上说就是保护人类精神与文化的多样性、独特性和原创性，就是保护人类文化的生态平衡。对墩画（花）工艺的保护、传承与开发不仅有利于地域文化的创新和发展，而且有利于中华民族文化多元化的发展，它的研究意义重大。

目前，墩画（花）这种民间工艺在国内外各种文献资料和网络资源中无任何记载，对这种传统民间工艺的研究更是一片空白。因此，如果不尽快对墩画（花）这种传统工艺采取措施进行抢救性保护，这种传统民间工艺将濒临灭绝的危险，这无疑是晋城，乃至山西地方民间艺术的一大损失。为此一些有识之士曾提出对墩画（花）工艺及掌握此技术的艺人进行抢救性保护，重点挖掘其工艺体系，并进一步研究墩画（花）是如何将民间故事、历史传说、地方风俗作成绚丽多彩的成品画的。

二、墩画（花）工艺的渊源

墩画（花）起源于民间、发展于民间，是一种土生土长的民间手工艺。上党地区自古以来民风淳朴，勤俭持家是每一个家庭的优良传统。墩画（花）的出现与民间布老虎起源的现实条件基本一致。那时，由于人们生活水平低，养成了一种勤俭节约的习惯，穿旧穿破的衣服都舍不得丢弃，于是被大姑娘巧媳妇儿老太太们派做各种各样的用途，有的用来做鞋垫、婴儿的尿布、衣服的补丁、坐垫，有的用来做门帘、布老虎、布娃娃，还有的用来拼布缝书包，其中色彩艳丽的、花色好看的布块和布条被一些手最巧的人们拼成了画，于是墩画（花）的雏形便出现了。年久废弃的被子里面的棉花也舍不得丢弃，正好结合布块墩做成了有立体感的厚墩墩的画（花），形状像花的叫作墩花，像画的就叫作墩画，总称墩画（花）。

自古以来高平米山镇（古称盖州）的手工艺就享有盛名，有着悠久的历史，较为成熟的传统工艺有木版年画、纸马、打铁花、寺观壁画、漆绘、石雕、木雕、砖雕、琉璃、黑陶、木偶、皮影、陶器、炕围画、民间风俗画、剪窗花、织锦、堆锦、布艺、纸艺、风筝、灯彩、刺绣、面具、泥塑、面塑、根雕等。但以上这些传统手工艺现在有的已经失传或濒临失传，墩画（花）也处在失传的边缘，墩画（花）这门传统手工艺抢救性保护的迫切性和紧要性摆在人们的面前。

20世纪60年代，由高平米山镇当地民间艺人侯泽民、宋国瑞、刘秀春、张江运等先生所制作的墩画（花）作品有《花木兰从军》《毛主席风采》《朱总司令画像》，这些作品艺术成就颇高，在当时非常出名。这些创作的题材大多来源于民间传说和历史故事，其中较优秀的墩画（花）作品还有《负荆请罪》《长平之战》《廉颇民间传说》等。

当然，墩画（花）创作的题材与当地的地域文化是不可分割的，"长平之战"作为中国古代战争史上最雄阔、最惨烈的一页，它永远地远去并被载入史册。然而，作为中华文明历程中最悲壮、最辉煌的一页，它给后人留下了许多深刻而又沉重的中国历史文化训喻，给后世留下了一份重要的历史文化遗产。战争虽然早已烟消云散，但历史却永远铭刻在米山大粮山、空仓岭的一草一木上。在这里，丹河水让大粮山不老，为我们见证着那段心酸的历史；黄土地让大粮山长青，荫庇着当地人的安宁幸福。米山小地域特有的长平之战文化遗存构成了一种历史的见证，长平之战、廉颇这些蕴含着民族历史的代名词已成为当地人们心灵深处永久挥之不去的记忆，成为他们民族历史祭坛上永久纪念吊古的对象。《长平之战》等墩画（花）工艺品的选材和制作就是对这种文化记忆的一种描摹和反映。

三、墩画（花）的艺术风格

1. 墩画（花）与美学的关系

墩画（花）题材的选择和构图不拘一格。民间传说、历史故事、戏曲人物是墩画（花）构图中最常用的题材，图式的选择与题材相适应。通常横向构图比较常用，长长的横向画卷更能表现出场景的宏大与转换，也比较适宜表现故事的叙述。从传统的中国画和传统壁画的图式中汲取了很多养分，如敦煌莫高窟的佛经故事和经变画、北宋的清明上河图等都是横向构图，长宽比例"失调"，但能够很好表现特殊的意境和画者的主观情趣。散点透视或多点透视法的优点是自由、天马行空，蕴含有"畅神"及"画之情"这类美学思想，更有韵味。因此其多采用移动式、减距式、以大观小的散点透视法来表现无限丰富的景象。

2. 墩画（花）与浮雕的关系

浮雕中的浅浮雕压缩大，起伏小，它既保持了一种建筑式的平面性，又具有一定的体量感和起伏感。墩画（花）中棉花的厚度好比浅浮雕的深度，能在有限的起伏中表现出立体感，不同的起伏高度塑造不同的立体深度，厚度把握力求准确，这些特征非常符合中国传统浮雕造型的基本规律。包括浮雕中线条的运用都与中国传统线描的画法一脉相承，塑造方法也符合传统浮雕美术中等高起位、逢折必弯、讲究连续性的特点，这与中国传统美术造型规律非常吻合。

3. 墩画（花）与时代背景的关系

从墩画（花）的作品中可见"那一幅幅圆润鲜活光色惟妙的墩画（花）塑像中看出，既有光影虚实所构成的艺术文体，又展示了作品精美逼真的工艺水准。所有的作品，不仅仅写人与自然的诗意与韵律之美，而且表达了人与自然而又益于自然历史的生命启迪与艺术智慧"。[1] 从这些作品中不难看出在这些墩画（花）中渗透着那个时代特有的烙印，是中国10年（1966～1976年）"文革"阶段，国务院文化组举办"纪念毛主席《在延安文艺座谈会上的讲话》发表三十周年全国美术作品展览会"（1972年5月）中，美展展出的一批中国画、油画、版画、连环画作品产生的轰动效应，被誉为样板，那些红色名画对"文革"后期的美术创作影响甚大，塑造了新的美术形象，"红光亮、高大全"成为时代的主旋律。

---

❶ 出自课题调研中民间艺人冯恒通的笔记。

墩画（花）《花木兰》《廉颇》等历史人物形象，正是赋予了"高大全、红光亮"这样英雄的时代特征。

4. 墩画（花）与绘画的关系

中国传统绘画，以线造型，以形写神。"线"一直是中国绘画最基本的造型手段。一条条看似简单的线，在中国传统绘画中不仅表现物象，而且传递感情，是中国绘画的主体语汇，是中国绘画形式语言中重要的造型元素，也是中国传统绘画最富有民族特色的审美准则，是画家选取客观事物之精粹，融入自己的审美理想和审美情趣，并采用艺术的手法营造出来的一种境界。墩画（花）的构图是因得势而称尽善的，是因所欲得之势不同而变化的。构图、布势有两种，一张一敛。张的力量是向外扩散，呈辐射状，能给人一种画外有画的感觉；敛的力量是向内集结，能给人一种画中有画的感觉。一张一敛，以求其变、求其势。

在墩画（花）构思与制作中，底色的运用、面料的选择、辅料的搭配不仅能表现平面，更多的是可以表现场景的空间感、物体的质感，色彩的变化随着远近的不同也要有变化，还要配合浮雕效果的运用，使立体感更强。彩绘和面料颜色的搭配运用中国传统的工笔重彩的绘画手法，随类赋彩，具有传统文化的气息。这些墩画（花）流畅自然，疏密有致，须眉替佩、服饰器用、人物眼睛、鼻梁、脸膛、衣纹等均刻画得一丝不苟，看不出一点生硬做作的痕迹，其立体感、层次感，摇曳动荡之姿，给人一种绚丽夺目的感觉，真是栩栩如生、妙手天成的佳作。在20世纪六、七十年代，墩画（花）作品多次参加国家级、省级美展，参展的一些优秀的墩画（花）作品，曾获得过山西省农民画优秀工艺金奖，墩画（花）创作曾有骄人的成绩。

练习题

1. 什么是墩画（花）？墩画（花）的历史渊源有哪些？简述其艺术风格的特点。

2. "寻找遗失的文明"双休日小组行动，对家乡及当地曾经拥有的各种类型的手工艺作坊或现有的手工艺品进行调研，收集相关资料，并制作成PPT（幻灯片）进行展示。

提示：

① 收集资料可采用网络资源、书籍资料、图片资料、手机拍照截图等多种方式获得第一手资料；如果一些曾经的手工艺已经失传，要采访一些知情人（尤其是附近的老人），寻找遗址走访，写出地点。

② 展示活动要有播放人、撰稿人、摄影人、访谈人、受访人、记录人，调研时间、地点等。

③ 调研得出什么结论、提出什么问题、给大家一些什么样的思考，要有文字说明。注明手工艺的传承情况，手工艺曾经辉煌的时间、传承人的情况，写清遗失的时间和原因，曾采取过什么样的补救措施。

④ 提出调研小组寻找失落工艺的合理化建议。

服饰手工艺

第二节　墩画（花）的工艺剖析

一、墩画（花）的工艺流程

经过高平米山民间艺术家冯恒通[1]先生和宋国华[2]先生的努力，由冯小刚[3]老师亲自动手整理出一套相关资料，经过整理、分析、研究，最终再现墩画（花）工艺流程。

1. 墩画（花）工艺简述

① 首先，制作墩画（花）的人必须有一定的美术基础和造型能力，这是前提。工艺第一步是构思并构图，确定目标打好底稿。根据构图的场景结合自己的思路反复修改、造型，最后选定图底。

② 复制10张底图。1张用于制作结构图，1张制板用于放缝后的毛样裁剪板，1张用于被布和棉花包裹时起支撑作用的硬板，1张用作粘贴各部件底图组合的画面。图片的画面粘浆，贴上棉花，分出层次，层层压紧，构出线条、厚薄，能够初步表达出作品的立体感及阴影，作出主体的造型。

③ 用做完衣服余下的各色棉布块，根据图案、颜色所需的大小再粘在棉花上。其中无法解决颜色所需的，必须用彩绘才能解决的，就用白棉布块粘贴。根据图案在所需的部位上好色。

④ 每一个部件都制作完成后，要重新加工底图，使黑白色变成鲜艳的彩色，部件所占的位置不必上色，只需将底图的颜色延伸到部件下即可。

⑤ 精细的彩绘，在作品上色的部位需认真精细描绘、上彩。注意彩绘者，需要美术绘画水平与美术功底深厚，造型能力强。

⑥ 组合作品构件，分出层次，表现近大远小。在作品基本完成后，有些人物装饰及花叶还需加上必要的刺绣和饰品。

2. 实例操作

第一步：构图并绘制。根据民间传说中的故事进行构思、构图、手绘，由初稿形成定稿。（如图9-1所示）

第二步：复制原型板。过去使用手绘复制，后使用复写纸进行拓印，如今使用复印机印，就可完成原型图稿无数张的复制与多倍放大。其中我们选用最具代表性的画面"负荆

---

❶ 冯恒通（1951—　），男，高平民间艺术家，墩画（花）的知情人之一，擅长书法、工笔花鸟、木雕、根雕、墙围画、泥塑造型，是当地有名的艺人，20世纪70年代曾获得"中国民间艺术家"称号。他受课题组的委托，多次拜访有关墩画（花）传承人，根据技艺和不断的走访，整理出宝贵的墩画（花）制作工艺流程，为课题最终结项做出了极大的贡献。

❷ 宋国华（1952—　），男，课题主要参与者，冯小刚的小舅姥爷（高平地方语意为舅舅），六十多岁，家里有一间专门放置文房四宝的书房，墙上贴着许多人物国画，画工造诣不凡，晕染的渐变层次感恰到好处，一看就是个颇有美术功底的民间艺人。他正是不断探析有关墩画（花）的失传，提出传承意向的重要贡献人。

❸ 冯小刚（1979—　），男，山西晋城职业技术学院教师，中央美院雕塑专业的研究生。

图9-1 廉颇故事长卷❶

请罪"部分进行放大并复制，取出其中的一份分析画面人物的前景和背景，寻找最前景的人物，沿着人物的边缘进行剪切分割，剪后外形如剪影。（如图9-2所示）

图9-2 廉颇故事长卷（部分）负荆请罪

根据裸露肩臂部位进行一个完整的廓型塑造，在服装制作中要符合当时现实面料、款式，并巧妙地把动态的人体与服装表现合二为一。

第三步：原型板放量。原型板放量等于弧线长度随着内装棉花容量的增加而增加。1倍的原型板=1/2倍的放量板。（如图9-3所示）

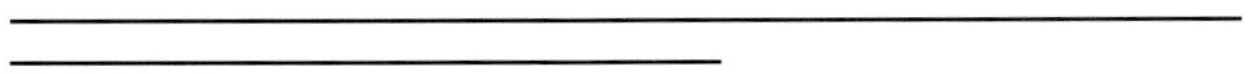

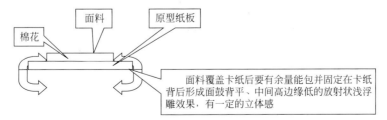

图9-3 原型板与放量示意图

原型板长度相对固定工艺步骤为：制作造型卡、选择适合人体颜色的面料或白色面料进行裁剪，裁剪时要注意放出缝头和衣褶的褶量，布局示意如图9-4所示。

面料　原型纸板　棉花

面料覆盖卡纸后要有余量能包并固定在卡纸背后形成面鼓背平、中间高边缘低的放射状浅浮雕效果，有一定的立体感

图9-4 原型板被覆盖示意图

❶ 冯小刚老师根据当地民间传说和廉颇生平故事进行绘制。

第四步：裁剪缝制。使用原型放量板裁剪面料，或者用立体裁剪的方式进行裁剪画线，在制作服装时要以可见的正面服装为基础，以着装后形成的衣褶来体现立体真实的效果，最后选取面料进行裁剪缝制，不可视的部分采用放量做缝头的方式背到原型板之后用皮胶粘贴固定。

只要是可视的服装部分，都要将工艺制作完整，包括褶裥工艺、抽碎褶、拨硬褶或捏软褶需要刺绣、加襯、辑缝、带结、缘边、玉佩、饰带、冠巾、笏头等，都要做到尽善尽美，符合当时人们的着装整体形象。（如图9-5所示）

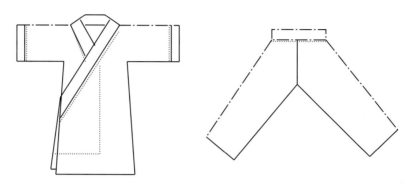

图9-5　廉颇袍服款式图工艺图：缘边、缝制、合侧缝；裤结构图

第五步：完善各分部工艺并组合。使用棉布做底衬，绷在画框的底板面上，将放大复印的图稿放在中间最恰当的位置，按照图稿中画面的层次，依次从背景向前景分出层次顺序标出序号，确保真实、立体，以免在制作过程中出现顺序颠倒违背了"远小近大"的原则。按照层次粘贴好后，形成具有明显效果的布局。

第六步：装裱。在底版全部工序完成后，进行装框，四周的边框要高于里面的浮雕凸起物平面2cm，留出足够的空间，以形成浅浮雕状的错落有致的民间工艺"墩画（花）"成品，可陈列、摆放、悬挂在墙面。（如图9-6所示）

图9-6　负荆请罪平面图（装裱后）

二、墩画（花）工艺复活的借鉴

　　高平米山的传统工艺墩画（花），是在当地众多传统工艺中的一种创新和发明，堪称我国民间工艺品百花园中一颗璀璨的明珠。高平米山悠久的文化传统，千年的积淀和传承，朴实的民风民俗，聪慧的能工巧匠，共同成就了这朵寓意深厚、风格独特的民间艺术奇葩。

　　墩画（花）是用棉花等来表现传统的中国绘画，其精湛的工艺、独特的层次、变幻莫测的纹理、优美而质朴的情趣，形成了墩画（花）艺术绚丽辉煌的视觉效果。高平米山墩画（花）与晋东南即上党地区一种堆制画的制作方法有异曲同工之妙，但其制作工艺又区别于传统堆制画的制作。高平米山镇墩花解决了传统的堆锦画易被虫蛀的弊端，而且用墩画（花）这种工艺方法制作出来的装饰画，所塑形象逼真细腻、立体感强、画面鲜活和生动，具有国画和浮雕的特点。尤其表现佛教类题材的绘画更是如此，形神兼具、古朴典雅、独具特色。

　　前面提到的墩画（花）工艺流程与堆锦画有异曲同工之妙，我们从堆锦画工艺中还可以看到墩画（花）的一些特征。也可从堆锦画抢救保护研究中所取得的巨大成就借鉴一些经验。为什么从堆锦画的制作流程可以看出墩画（花）制作的特征呢？因为堆锦画与墩画都曾流传于古上党地区即现在的晋东南地区，自古以来米山镇的手工工艺就享有盛名，有着悠久的历史，成熟的传统手工艺层出不穷。墩画与堆锦画在历史的长河中在上党地区有了相互融合与借鉴，尤其是技术层面的融合得到了发展。墩画与堆锦画的工艺在技术和工艺层面上如出一辙，应当是同一种民间工艺的两个流派，只是特点不同，一个富丽堂皇，一个朴实厚重；一个多用于宫廷，一个发自于民间。

　　上党地区的堆锦画及工艺制作已得到了一些及时的抢救和保护，我们通过对上党堆锦画及堆锦画制作方法的研究依稀可以看出米山镇墩画（花）工艺的一些制作流程及特点。墩画（花）的专用工具如图9-7所示。

图9-7　墩画（花）的专用工具——刻刀

第三节 墩画（花）工艺的市场前景

一、墩画（花）工艺传承发展策略

近年来，政府加强对传统工艺美术特别是农村手工艺产业的管理、指导、服务，为农村手工艺产业的振兴发展做了大量的工作。这些工作的开展有力地促进了农村手工艺产业化的发展。手工艺为农民脱贫致富、扩大就业、发展区域经济做出了历史性贡献。

传统手工艺品凝聚着艺人们的心血，蕴含着丰富的文化内涵。传统手工艺的湮灭，意味着传统文化的断层。对墩画（花）手工艺的抢救性传承是一项惠民工程，在市场经济中属于弱势群体，但却肩负着弘扬民族传统文化的历史任务和使命，对于这些弱势群体政府需投入更大的关注和支持。针对墩画（花）工艺的发展现状，就墩画手工艺发展工作提出以下可行性的对策和建议：

① 墩画（花）这种工艺美术品集文化和商品的双重属性于一体，我们仅靠单个人的力量抢救它是不行的，应该依据国务院《传统工艺美术保护条例》，对墩画（花）这样的手工艺实行政策扶持。

② 对人才、技艺传承鼓励政策，传承传统技艺的手工艺人享有一定的优惠政策。保护传统墩画（花）老艺人，发挥他们的"传、帮、带"作用，结合多种培训方式，培养新的墩画（花）人才。

③ 加强与大专院校的产学研结合，不断创新发展思路。可以在职业教育院校设置墩画（花）艺术的选修课，设置专业、研究所等继续深入开发。

④ 设立传统工艺美术保护基金（资金），将传统工艺美术公益类项目列入财政政策。

⑤ 鼓励手工艺人大师多出作品。以学校、博物馆等作为教育的主体，把博物馆当作展示、传播历史文化遗产的主阵地。

⑥ 建立信息服务平台，加大行业人才培训力度。加快工艺美术网站建设，强化网站信息服务功能，提高工艺美术从业人员技艺水平和社会地位。政府牵头组织民间墩画（花）艺人，开办一些墩画（花）培训班，举办一些墩画（花）工艺讲座，在行业内开展技能比赛，评选技艺专业人才，提高墩画（花）工艺从业人员技艺水平和社会地位，确保墩画（花）这门传统手工艺代代传承下去。

⑦ 举办墩画（花）手工艺展销会，搭建专业销售展示平台。一方面宣传并提升绚丽多彩的墩画（花）手工艺品，另一方面帮助身处市场困境的墩画（花）手工艺探索多元化销售渠道。

二、墩画（花）工艺的市场前景分析

① 产品的研发所需人力资源包括具有一定美术功底者、有一定服装裁剪缝制功底者。

② 现代服装工业中常用的机器设备，为批量生产墩画（花），提供了必备的硬件设施。

③ 现代服装面料、辅料、饰品的极其丰富，不仅为墩画（花）的发展、创新提供了更多的原材料，也为墩画（花）作品创作扩大范围，增加表现力奠定了基础。

④ 现代化的管理理念与工艺过程中的分工细化相结合，使墩画（花）的生产具备了秩序化、规模化、规范化的条件。

⑤ 山西旅游业的发展为传统手工艺的发展提供了广阔的市场前景，旅游纪念品的开发与地方传统手工艺的开发一脉相承（目前旅游纪念品很少有地方特色）。

⑥ 勤工俭学的学生、自主创业的毕业生、农闲时间的农户都是很广泛的劳动力资源保障，各旅游景点工艺品店、大型超市、专卖店、星级酒店等对具有民俗特点的工艺品有极大需求。

⑦ 人们生活水平日益提高，对家居装饰的需求也是空前的，墩画（花）具有独特的、古朴的韵味。墩画（花）作为居家装饰，是最佳的装饰品与收藏品，通过开发，把传统的手工艺变为文化产品，创造区域性品牌，墩画（花）市场前景看好。

在做充分市场调查的基础上，各工艺园区根据各自的技术优势选择具有地方文化特点、收藏价值、纪念意义、观赏价值、便于携带、具有可创新性、前瞻性的商品和旅游纪念品产品品种，进一步提高生产技艺，优化工艺产品结构，充分利用政府资金，利用国内外的生产技术培养专门人才，加大对民间手工艺的研究和创新力度，不断推出能够代表民间工艺水平的优质新产品，从而成为优势产业和上党地区一大新的经济增长亮点是完全可能的。

通过对高平米山镇多次实地调查，结合地域文化遗产传承、保护与开发的相关政策和理论，对墩画（花）工艺及现状，保护与开发的意义，墩画（花）的产生发展、题材选择、艺术风格、工艺的流程、墩画（花）的构图、墩画（花）工艺的独特性、墩画（花）工艺的保护和发展策略等方面进行全面、系统的分析研究，并在此基础上提出了一些可行性的建议和看法，以期能够抛砖引玉，为墩画（花）工艺的传承、保护与开发贡献一点微薄的力量。我们坚信墩画（花）将走出山区，走向世界，开辟更加广阔的市场，米山墩画（花）这种传统的民间手工艺一定能够再度崛起，重振英姿。

练习题

1. 根据墩画（花）的工艺流程尝试制作玫瑰花、荷花或菊花。要求四人一组为单位，每人制作两个花瓣，组合形成一个完整的花朵。

2. 市场调研：

① 深入农村，调查了解并收集民间墩画（花）工艺品信息，写出调研报告，字数不限。

② 到文物交流市场调研，对你认为有价值的墩画（花）等服饰手工艺品进行拍照，并制作成PPT展示汇报。

第十章　电脑绣花机

电脑绣花机是当代最先进的绣花机械，它提高了传统的手工艺绣花的速度和效率，还实现了手工绣花无法达到的"多层次、多功能、统一性和完美性"的要求，是一种高新科技的机电产品。目前世界上著名的电脑绣花机品牌有日本田岛（TAJIMA）公司的TMEF-H620型、日本百灵达（BARUDAN）公司的BEMRH-YS-20型、日本兄弟（brother）公司的BAS-423型、德国蔡斯克（ZSK）公司的174-12型、德国百福（PFAFF）公司的KSM221、12/260型等。

我国国产的电脑绣花机主要是高中档的机型，与上述的国际品牌相比，还存在一定的差距，主要是在工艺技术和用材上，国产机还不能与这些高端的品牌相比，表现为使用寿命、断线率、绣制精度等方面的差别。但由于国产电脑绣花机的价格相对较低，所以近几年的发展速度很快，占据了大部分的市场份额，主要出口到印度、巴基斯坦、巴西、埃及等发展中国家，其中印度为主要的出口方向，占总出口数量的80%以上。目前，全球大概60%的电脑绣花机产自中国，而中国60%的电脑绣花机来自浙江诸暨浣东街道这个省级电脑绣花机高新技术产业区。浣东的电脑绣花机已经形成了一个产品集群，从零配件生产、机架制作到整机组装等已完成产业化的生产流程，现有生产电脑绣花机及零配件生产企业100多家，其中年销售在1000万元以上的有30多家。龙头企业如盛名机电有限公司、浙江越隆缝制设备有限公司、浙江乐佳机电有限公司等年出口均在2000万美元以上。国内电脑绣花机的电控系统主要采用大豪电脑，占目前市场份额的80%以上。

近代最早的手摇缝纫机如图10-1所示。

图10-1　近代最早的手摇缝纫机

一、电脑绣花机的分类

电脑绣花机品种繁多，规格各异。

1. 按绣制功能分

一般按绣制功能可分为普通平绣机、金片绣（分单金、双金、叠金、四金）、毛巾绣、缠绕绣（绳绣）、激光绣、植绒绣、帽绣、成衣绣、高速机等，同时有多种功能混合的高档机型，如三合一（平绣+金片绣+缠绕绣）、四合一（平绣+金片绣+简易缠绕绣+毛巾绣）等。如浙江乐佳机电有限公司自行设计研发的四合一混合刺绣电脑绣花机为一款性价比较高的特种刺绣机型，将普通平绣、绳绣、金片绣、毛巾绣等特种刺绣融为一体，实现六色环绣、多色平绣、金片绣、绳绣等完美组合，绣品典雅、时尚、立体感强，广泛用于服装、窗帘、床上用品、工艺品等的刺绣工艺，应用前景十分广阔。

2. 按机头、针数、针迹分

电脑绣花机可按机头、针数、针迹来分：

① 以机头的多少来分，可分为单头与多头机（2～24头）（如图10-2所示）；

② 以每一头所含机针的多少来分，可分为单针与多针（3～12针）；

③ 以送料绷架形式可分为板式与筒式；

④ 以绣花所用线迹形式分为锁式线迹（301线迹）与链式线迹（101线迹）。

由于每一机型都有机头多少、机针多少、绷架形式以及线迹形式问题，将这些进行组合排列、细化分类，将能满足不同层次、不同规模、不同要求的客户需要。

图10-2 单头电脑绣花机

二、电脑绣花品种分类

（一）电脑绣花平绣系列

1. 使用范围

平绣系列电脑绣花机产品，广泛应用于时装、窗帘、床罩、玩具、装饰品、工艺美术品等刺绣工艺。

2. 功能特点

（1）液晶显示：采用高分辨率彩色大屏幕液晶显示，刺绣过程中可动态数码跟踪显示花样，可根据需要进行中英文切换，操作简单方便。

（2）花样格式及储存容量：可读写田岛、百灵达、ZSK、二进制、三进制多种磁盘格式文件，储存容量高达100万针，99个花样。

（3）花样的旋转机缩放功能：花样可在0～360度花范围内任意旋转，也可左右反转。对花样可以在50%～200%随意缩放，还可选择花样的旋转优先或放大优先，以满足不同需要的刺绣。

（4）花样的编辑与组合功能：对内存中的花样可以进行编辑修改，也可以把数个不同的花样、不同的方向、倍数、距离组合成一个新花样，使用灵活方便。

（5）反复绣作功能：可以全部反复或部分反复，横向最多9次，纵向最多9次，共计81次反复绣作。

（6）针迹补偿功能：对指定花样自动进行平包针搜寻，并按要求对其展宽，生成新的花样。

（7）补绣功能：在刺绣中，由于断线等原因，个别机头会发生漏绣，这时可以回退到漏绣点，在绣普通花样时回退针数不受限制，在绣组合花样时，可退到当前普通花样的起点。

（8）自动补偿功能：根据布料花样的不同要求，机器可单独或同时将X轴、Y轴设置补偿（0.1~1.0OMM）以达到最佳刺绣效果。

（9）其他功能：具有断电保护及断电恢复功能、断线检测功能、自动剪线功能（选配）。

3. 主要配置

（1）大豪电控系统：基本配置BECS-322三相（不剪线）/BECS-328（自动剪线机），并根据用户要求可选配BECS-C18/C88/216/266/316/366/等各种高档规格的电脑。

（2）主轴电机：根据用户要求可配伺服驱动（松下、大豪），变频驱动等。

（3）绣框驱动：全伺服驱动或步进驱动供选择。

（4）原装日本进口旋梭，原装意大利麦高迪皮带。

（5）新型直线驱动导轨；自动剪线装置（选配）。

（6）针数：4/6/9/12/15针；头数：1~50头；刺绣范围：X向：150~1100mm，Y向：300~1500mm。

（二）电脑绣花金片绣工艺

1. 适用范围

金片绣系列电脑绣花机是在普通平绣机的功能基础上增加金片绣功能，具有普通平绣、平绣金片等混合刺绣功能，缤纷多彩的金片与各色绣花线绣制成一幅典雅、时尚、个性化的刺绣图案，是刺绣领域的新一代产品，广泛应用于时装（领花、胸花、花边、整衣等）、手袋、婚纱、毛衣、鞋帽、窗帘、床罩、饰品、高档工艺品等刺绣工艺。（如图10-3所示）

2. 功能特点

金片绣系列电脑绣花机除了具有普通平绣机的功能特点外，还具有以下特点：

（1）金片装置有单金片、双金片、叠金片、四金片等各类装置供选择。

（2）可根据需要选择双侧面、正面、单侧面等安装方式（匹绣建议采用侧面，服装绣建议采用正面）。

（3）可绣作3/4/5/7/9/11mm各种外形的金片（如圆形、方形、水滴形、梅花形、涡片等）。

（4）送片装置性能稳定，结构可靠，最高转速达750转/分。

（5）四金片功能除了覆盖单（双）金片功能以外，还拥有叠片、间隔片（间隔的数量可根据刺绣要求调整）等多种功能，满足花样多样化刺绣的要求。

（6）采用拨叉结构，调节方便快捷。

（7）采用集中勾线，自动换色，自动剪线。

3. 主要配置

（1）大豪电控系统：基本配置BECS-328，选配BECS-C18/C88/216/266/316/366 等各种高档规格的电脑。

（2）主轴电机：根据用户要求可配伺服驱动（松下、大豪），变频驱动等。

（3）绣框驱动：全伺服驱动或步进驱动供选择。

（4）原装日本进口旋梭，原装意大利麦高迪皮带。

（5）新型直线驱动导轨。

（6）自动剪线装置（选配）。

（7）金片装置：单金片、双金片、叠金片、四金片等多种型号供选择。

（8）可根据用户要求设计制造各种规格的机型：

针数：4/6/9/12/15针；头数：1～50头；刺绣范围：X向：150～1100mm，Y向：300～1500mm。

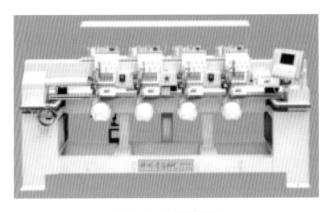

图10-3　电脑绣花机

（三）电脑绣花毛巾绣工艺

1. 适用范围

毛巾绣/链式绣以其立体感强、层次丰富、色彩绚丽等特点，在儿童服装、家居装饰、女士鞋帽等领域具有广阔的发展前景。

2. 功能特点

（1）高分辨率彩色大屏幕液晶显示，动态数码跟踪显示花样。

（2）可读写田岛、百灵达、ZSK、二进制、三进制多种格式文件，储存容量高达100万针，99个花样。

（3）具有花样的旋转，缩放，编辑，反复绣作功能；针迹补偿功能和补绣功能。

（4）具有断电保护及断电恢复功能、断线检测功能。

（5）具有自动换色、压脚提升和自动剪线功能（选配）。

（6）反馈控制功能：利用引进反馈控制功能，使针和回旋梭的动作得到更为准确地控制，并得到更稳定的刺绣效果。

（7）自动待机功能：在完成花样刺绣时，针、压脚杆自动上升至 27mm，便于换框作业。

（8）自动转换刺绣方式功能：能用操作盘转换毛巾绣和链绣的设定，也能进行自动、手动选择（最多可设定 99 次）。

（9）自动针位高度调节功能：根据花样及布料厚度，可以自动或手动调整针位高度（10 级），以取得最适合的刺绣张力和最佳的刺绣效果。

（10）高速低噪声设计：实现了链式机头 600rpm 和平绣机头 850rpm 的高速运转，刺绣过程中根据针迹的特点自动控制刺绣速度；同时主要机械的各部分分别采用伺服马达配合尖端电子技术，实现了低噪声运行。

（11）平包针补偿：可根据需要对平包线的针迹长度进行增加或减少。

3. 主要配置

（1）大豪电控系统：基本配置 BECS-219 电脑，并根据用户要求可选配 BECS-C18/C88 等各种高档规格的电脑。

（2）主轴电机：根据用户要求可配伺服驱动（松下、大豪），变频驱动等。

（3）绣框驱动：全伺服驱动或步进驱动供选择。

（4）原装日本进口旋梭，原装意大利麦高迪皮带。

（5）新型直线驱动导轨；自动剪线装置（选配）。

三、电脑绣花混合绣工艺

电脑绣花多合一混合绣工艺，即指平绣＋金片绣＋毛巾绣＋简易缠绕绣。

1. 适用范围

LJ 四合一混合刺绣电脑绣花机为一款性价比较高的特种刺绣机型，将普通平绣、绳绣、金片绣、毛巾绣等特种刺绣融为一体，实现 6 色环绣、多色平绣、金片绣、绳绣等完美组合，绣品典雅、时尚、立体感强，广泛用于服装、窗帘、床上用品、工艺品等的刺绣工艺，应用前景十分广阔。（如图 10-4、图 10-5 所示）

图10-4　平绣＋金片绣＋毛巾绣　电脑绣花机

图10-5　电脑绣花：绳绣盘带绣

服饰手工艺

2. 功能特点

（1）高分辨率彩色大屏幕液晶显示，动态数码跟踪显示花样。

（2）可读写田岛、百灵达、ZSK、二进制、三进制多种格式文件，储存容量高达 100 万针，99 个花样。

（3）具有花样的旋转，缩放，编辑，反复绣作功能；针迹补偿功能和补绣功能。

（4）具有断电保护及断电恢复功能、断线检测功能。

（5）具有自动换色、压脚提升和自动剪线功能（选配）。

（6）反馈控制功能：利用引进反馈控制功能，使针和回旋梭的动作得到更为准确地控制，并得到更安定的刺绣效果。

（7）自动待机功能：在完成花样刺绣时，针、压脚杆自动上升至 27mm，便于换框作业。

（8）自动转换刺绣方式功能：能用操作盘转换毛巾绣和链绣的设定，也能进行自动、手动选择（最多可设定 99 次）。

（9）自动针位高度调节功能：根据花样及布料厚度，可以自动或手动调整针位高度（10 级），以取得最适合的刺绣张力和最佳的刺绣效果。

（10）高速低噪声设计：实现了链式机头 600r/min 和平绣机头 850r/min 的高速运转，刺绣过程中根据针迹的特点自动控制刺绣速度；同时主要机械的各部分分别采用伺服马达配合尖端电子技术，实现了低噪声运行。

（11）平包针补偿：可根据需要对平包线的针迹长度进行增加或减少。

（12）隔头选择功能：能自动转换链式机头和平绣机头，使原来费时的精巧混合刺绣简单化。

（13）简易缠绕绣（选配）与传统式盘带绣相比，简易缠绕绣结构简单，并简化、合成了传统式盘带绣的动作，更适合带管子绳带和带珠子绳带的刺绣。

（14）具有更高的自动化，操作便捷。每个机构均有按键开关，可以独立地调节机头，具有更高的自动化，能够实现单个针位分别各自对绳绣、亮片绣等绣作方式的正绣、补绣或手动操作功能，更加方便地控制，操作相当便捷。

3. 主要配置

（1）大豪电控系统：基本配置 BECS-219 电脑，并可根据用户要求选配 BECS-C18/C88 等高档规格的电脑。

（2）主轴电机：根据用户要求可配伺服驱动（松下、大豪），变频驱动等。

（3）绣框驱动：全伺服驱动或步进驱动供选择。

（4）原装日本进口旋梭，原装意大利麦高迪皮带。

（5）新型直线驱动导轨。

（6）自动剪线装置（选配）。

（7）可选配平绣头、金片装置、简易缠绕头等装置，实现平绣、毛巾、链式、简易盘带和金片多种混合刺绣功能。

服饰手工艺

四、电脑绣花作品赏析

电脑绣花作品如图10-6 ~ 图10-11所示。

图10-6　电脑绣花《蕾》　图10-7　电脑绣花抽象作品《花》　　　图10-8　电脑绣花

图10-9　电脑绣花《写意花鸟》　图10-10　特种电脑绣花亮片绣　图10-11　电脑绣花片即时贴
《狼图腾》

练习题

根据电脑绣花设计软件设计并制作一款电脑绣花作品。要求：创意效果明显，图案不限，写意写实不限，层次分明。规格30cm×30cm；线色三种以上。

第十一章　服饰手工艺DIY

第一节　DIY简介

DIY是英文Do it yourself的缩写，又译为自己动手做。DIY原本是个名词短语，但往往被当作形容词使用，意指"自助的"。在DIY的概念形成之后，也渐渐兴起一股与其相关的周边产业，越来越多的人开始思考如何让DIY融入生活。《新词词典》解释：指购买配件自己组装的行为方式。最近两年，DIY的另外一个解释方法为：Design it yourself，译为自己设计。

DIY是一个在20世纪60年代起源于西方的概念，原本是指不依赖或聘用专业的工匠，利用适当的工具与材料自己来进行居家住宅的修缮工作。虽然起源不明而且可能是渐渐形成的概念，但通常提到DIY用语的兴起，常常会归功于一位英国的电视节目主持人与工匠贝利·巴克尼尔（Barry Bucknell），他最早明确地定义DIY的概念并且大力推广，使得此用词广为人知。

DIY起源于欧美，已有50年以上的历史。在欧美国家，由于工人薪资非常高，所以一般居家的修缮或家具、布置，能自己动手做就尽量不找工人，以节省工资费用。欧洲人纷纷自己动手装修房屋。在省钱的同时他们发现DIY装修的房屋更具个性，无论把它装修成什么样都与众不同，而且自己最为满意。他们又发现了DIY后来的各种优点，装修房子变成了工作以外的一大乐事，不仅减轻了工作的压力，而且自己竟学习了一门手艺。此外，DIY可以让自己选择最好的材料。于是DIY便风靡起来，内容也变得包罗万象。 虽然在一开始的时候，DIY这个用语主要是专门针对住房整修、庭园维护时，人们不想花费太多的费用找寻专业人士施工，而是利用自行购买或租用工具与购买来的材料，在闲暇时自行整修房屋的行为。但渐渐地DIY的概念也被扩及所有可以自己动手做的事物上，例如自行维修汽车与家电产品，或甚至购买零件组装个人计算机等，没有特别明确的使用范围定义。

DIY的目的也由一开始时节省开销，慢慢地演变成一种以休闲、发挥个人创意或培养嗜好为主的风气。DIY的用词也越来越广泛，比如拼布DIY、美食DIY、发型DIY等。DIY在今日已经是个不需额外解释就能理解的常用字汇，由于它可以广义用在任何自行动手做的事物上，在台湾的年轻族群中，它还常常具有一个比较特殊的衍生用途，用来含蓄地（或戏弄性地）意指人类的自慰行为。开动大脑，用你的双手去创造，这是DIY的最高境界：只要想得到，就能做得到。这就是DIY精神的体现！ DIY的理念是：源于自然，回归自然。令你放松身心，去感受我们身边一切美丽的事物。它具有的独特魅力是：花钱少少，美丽多多，心情好好！做回自己！

DIY的存在似乎总是开始于人们想省钱的心理。为了少付出，人们难免要选择"自己做"，而放弃"别人做""机器做"。几十年前的"打家具热"着实让许多人过了一把"DIY瘾"，就是因为不少人算了经济账后，觉得自己做比买、比请人做都实惠，才纷纷自己动手做起来。由于规模经营使得工业化生产成本远低于人工生产成本，花费不高还方便，人们可能就不会死抱住DIY不放了。但是当人们看腻了市场上工业产品的千篇一律，或千篇一律的市场产品无法满足自己家的特殊需要，DIY的念头就可能油然而生。做你需要的，做你想要的，做市场上绝无仅有、独一无二的你自己的作品，成为DIY更高层次的追求。

如今，工业化生产的确已日臻完美，越来越多的人已不可能也没必要去掌握旧日能工巧匠的手艺了。无需自己动手做，却总仿佛缺了些什么，就像缺少了运动，需要贴近自然，需要运动劳作，需要在运动劳作中享受生活的乐趣，这就是DIY又一高层次的追求，DIY因为人们的需要而存在。

服饰DIY是指客户可自行在线设计自己的服饰（挑选面料、搭配颜色、选择自己设计的图案及文字），因相关技术难度较大，目前国内只有少数的商家引进相应的技术，如爱客网通过站内强大的DIY系统，使客户可轻松DIY自己的服饰，其作品不会逊色于专业的设计师。

第二节　网花DIY

丝网花的制作跟水晶花的制作有很多共通之处，所需的工具也差不多，下面简单介绍一下丝网花的制作过程。

一、网花材料和制作工具

彩色金属丝，有多种颜色和型号；弹性丝网，有各种单色及双色；花芯，有各种形状和颜色；自粘胶带，有多种颜色；缝纫用合成纤维线；棉花；木工用的白胶；快干型黏合剂；剪刀尖钳；绕圈套筒，直径1～8cm，也可用瓶子、笔芯等其他圆柱物品代用。（如图11-1所示）

图11-1　丝网花工具

二、网花工艺的基本步骤

绕圈、网丝、组装和造型是制作丝网花的四大基本步骤。(如图11-2所示)

图11-2　网花制作过程

（一）绕圈

在花瓣、花托和叶的制作中首先需要把彩色金属丝绕成圈，它就像是它们的骨架。对于大的花瓣、叶及花托需要一片一片地制作，绕圈的方法是采用单圈绕法，对于较小的花瓣、叶及花托可以采取多圈绕法，一下子就能完成多瓣骨架。有些特殊的花和叶需要多节绕圈，有脉络的花瓣和叶需要圈后加脉。

1. 单圈绕法

把彩色金属丝绕在套筒上1圈，金属丝的首尾交叉；拉紧，然后纵向转动套筒3～4圈；在绞捻结束处剪断金属丝或圈根部留2～5cm铁丝。

2. 多圈绕法

铁丝在5cm处弯曲；用手按住弯曲处，用长的一端铁丝绕在套筒上；继续绕，共绕3～6圈；将圈外四根铁丝合并；夹住拉紧四根金属丝，然后纵向转动套筒3～4圈；剪断未绕的金属丝，或下留两根铁丝长5cm。

3. 多节绕圈法

先完成单圈绕法，把圈改变成需要的形状；在金属丝的剩余部分继续绕圈，就像"8"字形，上下两圈根据需要直径可以不同；以同样的方法还可以完成三节，各圈的大小根据需要而变化。

4. 波浪绕圈法

先把彩色金属丝绕在毛线针上；从针上取下后再把它拉长；然后绕圈，做法同单圈绕法。

5. 初步定型

绕圈后的骨架是圆形的，按作品中花瓣、花叶和花萼的基本形状，用手捏出需要的形状。多圈绕法的定型为：多圈一起捏；一圈圈张开；调整到合适位置。

（二）网丝

1. 单圈网丝

在金属圈上平整地套上丝网；向圈的根部拉；用线在圈的根部缠绕数圈绑定后，直接拉断线；完成后可自由造型。

2. 多节网丝

同单圈网丝；丝网结扎；剪去多余丝网；两手分别捏住两圈，在两节的相交处绞拧一圈，完成后可自由造型。

3. 多圈网丝

套上丝网，向圈的根部拉，不要拉得太紧；用线对角拉紧；把花瓣一片片缠出来；根部缠绑；剪去根部多余的丝网。

（三）组装

先把花芯固定在花梗上；花瓣下部窄一些；把一片花瓣扎在与花芯连接的花梗上，不拉断线；继续扎下一片花瓣，重复把所有花瓣扎完，再拉断线；把花托固定在花梗上；把花托向上翻；花梗的适当位置扎上一片叶子；花梗的适当位置扎上第二片叶子；用绿色或棕色自粘带包扎花梗；完成组装。（如图11-3所示）

图11-3　网花组装

服饰手工艺

（四）造型

花瓣、花托和叶子可以任意拉伸和弯曲，按花卉的种类以及花朵的盛开情况对花瓣、花叶、花萼和花茎进行整理和造型。上述完成组装的花，对花瓣进行各种拉伸和弯曲，就能获得不同效果。（如图11-4、图11-5所示）

图11-4　组装后的造型

图11-5　网花造型

练习题

1．制作DIY作品一幅，主题"遨游太空"，规格和模式不限。

2．用网花工艺制作一根孔雀的翎毛，主题"一枝独秀"，要求突出孔雀翎羽的眼，表现最美丽的一支，且最具表现力。

第三节　玩偶小熊DIY

〜 一、材料和工具

棉布、珍珠棉、黑色珠子、彩色丝带、铃铛、彩色小花扣、针、线、剪刀、笔、纸样。

〜 二、制作工艺流程

根据设计图制作结构图并制板，裁剪出卡片纸样后，在布料上进行绘制；按照设计图、结构图的要求，在布料上进行排版、画样板。

剪裁布料，按照画好的图样进行剪裁，头部3片、耳朵4片、身体2片、胳膊4片、腿4片、脚底2片。

按照1cm留缝，以及图纸要求的返口留白，进行缝制，缝制完要在留缝处剪一些小豁口，方便翻过来之后外观美丽规整。

缝制好每一个部分，反过来填充珍珠棉，要填充得实在，这样玩具的型会比较好看。在收口的部分用藏针法收口。

各部分缝制好之后，进行组装。原则是，先组装头和耳朵、接着是头和身体，都用藏针法缝制。

钉扣时，要保持四肢与身体的松紧适度，即能让小熊的胳膊抬起放下，支撑腿部弯曲坐下，能靠墙站立，是半变形的活动玩具。（如图11-6所示）

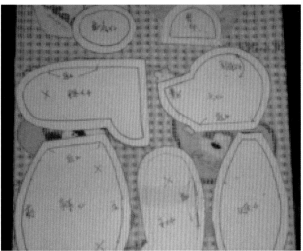
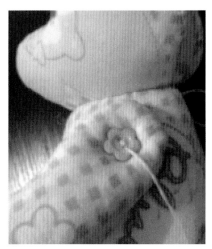
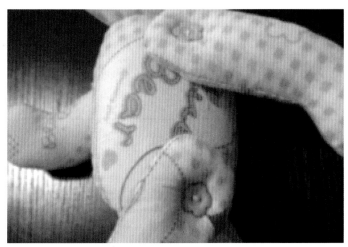

图11-6　布艺玩偶小熊的制作工艺

第四节　DIY作品鉴赏

DIY作品如图11-7 ~ 图11-12。

图11-7　DIY包

图11-8　DIY收纳盒

图11-9　DIY装饰玫瑰花

图11-10　DIY兔八哥

图11-11　创意DIY钉扣《鹿》

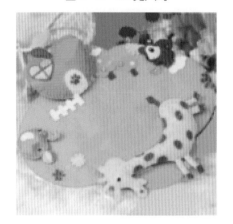

图11-12　DIY动物乐园

练习题

　　请根据自己的喜好或者现有的材料，制作一款精美的布艺。要求：主题不限、材质不限、款式大小与造型不限、用途不限，要有300字左右的设计构思、用料用量及工艺流程说明。

服饰手工艺

第十二章　绘身艺术

为了祈求平安、幸福，古印第安人发明了原始的文身术。出于同样目的，古代非洲、中东地区的人们用各种色料将自己的身体涂抹得五颜六色；澳洲的土著人至今还保留着原始时期绘身艺术的遗风。我国民间的绘身艺术除汉族外，波及了傣、壮、黎、佤、独龙、崩龙、景颇、基诺、布依、布朗、珞巴和高山族等十多个少数民族。

绘身艺术是名副其实的"国际民间艺术"，也称为"文身"，后称为人体彩绘。新版《辞海》中解释道：文身，是许多民族在早期发展阶段中存在的一种风习。文身的方法是用针在人体全身或局部刺出自然物或几何图形，刺后有染色与不染色之分，一般用作图腾标志。有些民族在进入阶级社会后，则作为表示等级身份或秘密社会成员的标记。

一、绘身艺术概述

早期人类从野外狩猎归来，身扛捕杀的猎物，其身上的血迹和伤痕无声地记载着他那惊人的智慧和武力，并由此成为其永恒的纪念。涂身、文身、纂痕等是原始先民以此为启迪，发展而成的一种人为的自觉追求。刺青和纹彩，就是用人体作画布，以有生命的肢体为载体而拓展的一个新艺术空间。1991年在阿尔卑斯山脉的冰川中发现的距今约5300年的男性木乃伊奥兹，其身上有47处文身，且文身部位都分布在人体可缓解疼痛的针灸部位的背部和腿部。最早的人类没有文字，能够让其相互了解的只能是一种简单的图形识别。这种由个体识别发展成为群体识别的标志，后逐渐变成一个民族的图腾，将这种图腾纹样刻在身体上，形成永恒的身体语言，以博取本族成员的认同并由此成为一种信仰。

1. 传递流行文化的艺术史书

人体是一种特殊的语言表达形式。它标志着人的性别、健康和美丽的程度。透过身体图形，即绘身艺术，可以看到艺术与生命相融合渗透的灵性之美。这种特殊的灵性之美，绝非随着各个社会解体而销声匿迹，而是和人类文化一起源远流长并存发展，绘身艺术留给后世的震撼力，是身体这一无声的语言，传递着各个社会、各时期、各地区的流行文化。它是一部活在人类肉体上的生灵艺术史。

2. 原始部落身份与阶级的象征

澳洲土著人的文身图像主要用线条表现，其作用是表明其家庭成员的身份等级。爱斯基摩妇女以缝纫的方法，用骨针牵动带有银色颜料的线穿过下巴表示此人已达婚龄。缅甸男子在战斗中猎杀到一个人头，就在自己身体上文刺一个图形，以示他已长大成人，渐近婚娶。新西兰的毛利族战士勇猛无比，他们切割自己肉体，把颜料涂抹在此伤口上，任其感染变形，在脸上、身上留下曲线形和螺旋形的纂痕纹样，成为其炫耀社会身份地位的永久标志。

3. 新人类对古老艺术的追崇

"装饰的欲望是人类的本性，就像饥饿与爱，不可能根除一样。"人们酷爱美，爱装饰爱新奇。现代人正远离家庭、宗教纽带的传统束缚，追求着各种全新的体验。街上的女性衣服穿得越来越少，吊带装刚刚解放女孩的肩膀，露脐装又接踵而至，中式肚兜当仁不让，绘身艺术乘虚而入，不失时机地展露在女孩的肩头、肚脐和后背上。粉嫩的小腹上突然冒出个狰狞的人头像，小巧的颈肩刻朵妖艳的玫瑰，这就是当今新新人类体验古来艺术的种种。

4. 绘身艺术的国际档案

多情浪漫的法国人举行了国际奥林匹克的人体彩绘比赛；一向严谨沉稳的德国人举办了首届国际人体绘画节；自由奔放的美国人成立了全国文身协会，至今已主办了20届年会；风情万种的澳洲人在悉尼奥运会开幕式上，大展原始绘身风采；2001年，我国举办第七届中国国际美容美发化妆品博览会，专门进行了绘身艺术的展示；全身纹刺最多的人是英国的汤姆·莱帕斯，他身体99.9%的面积被豹皮文身图案所覆盖；女性文身面积最大的是美国的朱丽婕·格诺斯，她全身有95%的面积被文身图案覆盖；世界上最大的文身档案馆由美国加州的保罗·罗杰斯基金会管理，它存有数万件文身历史和现代文身的档案资料，是世界上第一个文身信息研究中心；最大的文身博物馆建立在荷兰的阿姆斯特丹，并设有一个图书馆，一个常年开放展示文身和文身图案的展厅，其每年平均接待2.3万名游客。

二、绘身艺术的种类

绘身艺术是一门全世界共有的艺术。由于种族、肤色的不同，其具体绘身方式各异。黄色人种喜爱刺青，白色人种热衷彩绘，黑色人种钟情纂痕。

（一）纹刺艺术

纹刺艺术是最为古老的绘身艺术之一，它包括单色纹刺和彩色纹刺两种形式。

1. 单色纹刺

又称刺青、刺身、刺纹、刺墨等，采用原始的刀、针等锐器在身体的不同部位刻出不同的纹样或符号，然后涂上墨色或其他单色。待皮肤感染发炎后，便会出现蓝色的纹样。纯朴的单色纹刺流行极广，分布于世界各地。

波利尼西亚的纹刺代表着一种社会等级，社会地位越高，其纹刺排列面积越大，有的甚至遍及全身、脸部及四肢；爱斯基摩人的纹刺极具代表性，女性从8岁起，就逐步在面部、臀部、手部和胸部等部位进行单色纹刺；北美的奥杰布华人的两颊或前额刻有象征性的图腾纹样，阿先尼波人以蛇、鸟作为面部纹刺的主要图案纹样；南太平洋的黑利人与新西兰的毛利人则喜用对称和繁杂的曲线纹样来进行纹刺。

20世纪初，刺青艺术普遍流行于欧美国家的航海人员中，他们在左臂刺上铁锚以标示自己的航海职业，在左脚刺上猪脸纹样以此为航程辟邪。（如图12-1所示）

2. 彩色纹刺

彩色纹刺起源于新西兰的毛利民族，毛利人使用从欧洲反馈回来的刺青技术，加上多种色彩同时使用后，使得纹刺的效果更为丰富。他们最早使用的黑色材料系从锅底刮下的黑色烟灰，后改用墨汁。红色、蓝色材料大多系天然的油性赭土作成。

在此基础上，现代人将多种色彩纹刺于一身，组成了真正的肉体绘画，其惟妙惟肖的形与色通过纹刺后出现在人体上，使古老的纹刺艺术进一步散发了青春活力。

彩绘艺术只适用于浅肤色民族，与单色纹刺相比，其工序更为复杂。由于色彩的冷暖明暗变化，加上人体各部位的凹凸起伏软硬变化，其难度应该可想而知。但英国有一个铁

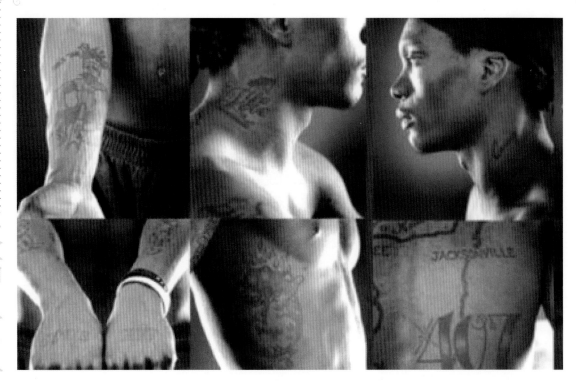

图12-1　人体各部位的单色纹刺

路公司的机械工程师，自颈部至腰部均刺满了彩色文字和图画，其中一幅是意大利达·芬奇的名画《最后的晚餐》。（如图12-2所示）

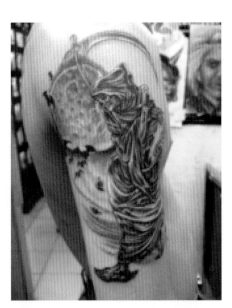

图12-2　彩色纹刺

（二）纂痕艺术

纂痕是一种残酷的艺术。按照传统花色纹样，在身体上切割留下疤痕，成为永久的人体装饰。澳洲土著人还故意用土将伤口塞住，经过一定时间后再进行皮肤的两次切割，以扩大和完善原来的纹样，使身体表面出现完整、起伏的浮雕式画面。（如图12-3所示）

图12-3　纂痕艺术

（三）彩绘艺术

彩绘艺术由原始涂身发展而来，澳洲土著人至今还常备有红、白、黄等不同色彩的土块，平时只在面、肩、胸部等处点几点，但遇到节日或要事时便涂抹全身。在悉尼奥运会的开幕式上，最引人注目的澳洲土著人代表团的节目表演，近千名表演者身带各自部族极具代表性的绘身纹样，色彩鲜艳斑斓，从最原始的符号式绘身纹样到现代土著人最钟情的大胆、自由、舒展，甚至放肆的抽象图形，观看者无不为之惊叹。

人体彩绘艺术的绘制过程并不复杂，只需先在需要绘画的部位打上底稿，然后将一种植物颜料均匀地涂抹在皮肤上，经皮肤吸收后，再上一遍颜料，让颜料慢慢地渗透到皮肤的表层里去。涂抹颜料的工具可以用笔，也可用其他工具。制作者一般采用悬腕、悬臂等悬臂法涂抹，这种彩绘颜料一般能在人体上持续两至三周。（如图12-4所示）

图12-4　彩绘艺术

服饰手工艺

（四）穿孔艺术

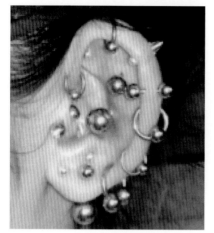

在人体组织某些浅薄部位，用工具进行快速穿刺，再在此洞眼里串戴饰物组成新的艺术效果。中国人熟知的耳环，印度人常戴的鼻环等就属于此类。

现代欧洲崇尚古来的穿孔艺术，流行"穿孔热"。一些年轻人热衷于在自己身体的某些部位穿孔，挂唇环、鼻环、眉环、脐环，甚至舌环等，这些部位大多是身体的表层，属于神经末梢区，只要注意卫生条件和把握分寸，一般不会十分痛苦。很多喜欢标新立异、喜新厌旧的偶像派歌星、影星、武星、体育明星等，每每率先垂范，身体力行，领导着美体的新潮流。

我国一些大城市的新潮精品屋耳环专柜，也常见打出时尚穿孔的招牌，以招徕中国的新新人类前往打孔求新。（如图12-5所示）

图12-5　穿孔艺术

（五）美甲艺术

美甲是一种延伸艺术。其注重于绘画艺术的呼应、装饰、点缀。21世纪初，新新人类更重视以人为本的"指"上谈兵创作策略，这种已日趋大众化的美甲艺术，成了蓝领族、平民族追求人本主义的又一新风尚。美甲坊的水晶甲及甲上绘画艺术服务项目，吸引了无数钟情于此的少女少妇跃跃欲试。白色甲给人以清新怡人之感；珠光甲、彩色甲展现了从容的贵族风范；大理石及其他变体形式让快乐在指端翩翩起舞。美甲艺术不只局限于手部，也适用于足部。正所谓，让女性举手投足独领时尚个性风采。

洛杉矶奥运会上，美国"女飞人"乔伊娜飞舞在赛场上，由纤纤十指化成的灵精舞蝶，至今令人记忆犹新。白领丽人们的双双晶莹剔透的水晶指甲，令她们在强手如林的商战中始终独占鳌头。在豪华晚宴上，一款款优雅的礼服与绘身艺术相映成趣，点缀着熠熠生辉的钻石指甲，流露出引人注目的艳丽与高贵。（如图12-6所示）

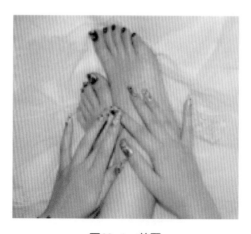

图12-6　美甲

三、绘身艺术的设计

绘身艺术和其他艺术一样，它的表达离不开色彩和造型纹样。无论是文身，还是画身，都需要有经过运筹设计的色彩和纹样去表达。

（一）色彩

1. 肤色

研究绘身艺术的色彩，必须先分析了解人体皮肤的色彩，由于遗传基因及环境因素，人的肤色被认为是天生的，世界上的各种人种呈现着不同的肤色。黑色人种的皮肤不适于使用文身，因为施行针刺后很难把色彩体现出来。为此黑人部落自古以来就习惯让皮肤表面变形，成为一种特殊的疤痕式的形体艺术。白色人种的皮肤，由于环境的原因，往往白里透红，白里透蓝，因此，特别适合用多种色彩的彩纹和彩绘艺术。黄色人种的肤色介于上述两种肤色之间，为此使用多种手法表现绘身作品，无论是纹刺还是彩绘均有较好效果。

2. 色调

绘身艺术在人身上的色彩组合，通过其表现的纹样和内容而得出总体色彩效果。表现何种色调，对于烘托主题、制造气氛非常关键。色是由人体的肤色加上绘制色彩组合而成的。马蒂斯说过："人们借助于色彩与色彩的柔和对比关系，才能做到充满魅惑力的诱人效果。"把握好色调就可以达到这种效果。

人类发现颜料后，最早就是使用在自己身体上，这一点已被考古学家证实。古埃及人的肤色既不是白色，也不是黑色和黄色，而是红褐色。为了便于把本部族、本民族与其他部族区分开，以示本部族、本民族的优越，就在脸上涂以红色颜料。在红褐色的脸上涂以红色，其色调就更为强烈和鲜明。

我国的京剧脸部化妆造型艺术，其实也是绘身艺术的一种。因为是戏曲脸谱，所以首先必须适合剧情需要，根据剧情决定其整体色调和具体色彩的处理。经过反复实践，京剧脸谱艺术积累了很丰富的经验。传统脸谱造型中以红色表示忠心耿耿，黄色表示干练，白色表示奸险，黑色表示耿直，绿色表示凶狠，蓝色表示桀骜，紫色表示忠诚，金银色表示超脱。

（二）纹样

1. 根据人体的不同部位，创作和绘制不同纹样

人体的背部，适合表现面积极大的纹样。据说日本人因酷爱中国的小说《水浒传》，有人就在其背上纹刺龙、虎和鲤鱼的纹样，并配上波浪、水花等图案。樱花、菊花等花型比较小巧，一般纹刺在肩部和臀部等。

2. 不同民族有不同的传统文身纹样及绘身部位

我国台湾高山族中，有泰雅人、赛夏人、鲁凯人、卑南人等。各种不同部落有不同的文身纹样，不仅如此，其在人体上的排列和纹刺部位也有严格规定。如果逾规，就会受罚。

文身部位和文身纹样可以决定和表示人的社会地位。阿比波内的贵族妇女以在面孔、手臂、胸脯上刺满繁丽的纹样为美、为荣，普通妇女则只能在面孔上刺数根单色纹样；印

度南部的图达族成年妇女在胸部、肩部及上臀等部位刻有纹样，男子在左肩刻出浮雕式的纂痕纹样；婆罗洲的男子头面手足胸刺满鸟兽花木，面积越大越美，女子则多刺在手足部位，并在额耳颈指部缠以草纹。据国际有关权威机构认定，缅甸和中国等都有自己本民族的传统纹样和传统文身部位。

（三）绘制技术

1. 手工绘制

手工制作工艺是绘身艺术千百年来唯一行之有效的方法，其在教和学两方面基本沿着世袭形式发展，从原始人类采用粗笨的石刀和山野中的荆棘，到近代文明后使用的贴纸小刀和钢针，无一不是采用徒手操作工艺完成的。（如图12-7所示）

图12-7 手工绘制

黄腾针是一种植物茎上的刺，非常坚硬而又尖锐，皮肤一触即破。天然的黄腾刺生长排列整齐密集，取其精华部分，可作成单排针和双排针，用其刺纹效率极高。

菲律宾内库利族用贝壳做成工具，用以文身和纂痕，刺开和割开皮肤，将墨汁渗入皮肤内层后，立即浸入海水中冲洗，以天然杀菌，再到艳阳中晒干，刺刻绘身即告完成。

美国喀罗人用豪猪刺进行纹刺，通常在男性的胸部、女性的下颚刺花，涂以炭粉（木炭灰），形成与肤色相别的深色纹样。

北极的爱斯基摩人和西伯利亚人都用针刺，用涂有黑颜料的线穿过，在穿行中不间断地给线补色，以此进行纹刺成形。

2. 机械绘制

1846年，美国纽约成立了世界上第一个绘身艺术工作室。文身艺术家马丁·希尔布兰特不仅为水手文身，也为内战时期的南北军人文身；英国文身艺术家乔治·布彻特与汤姆·莱利，给数十位英国绅士和欧洲的贵族文身。第一次世界大战前夕，文身之风大盛，连英国王室的王子爱德华七世都受之感染，由此很快遍及全欧。然而在此之前，世界上的纹刺艺术仍停留在波利尼西亚的手工技术上。

图12-8　彩绘机

1891年，美国人塞缪尔·奥雷利教授经长期研究后，发明制造了世界上第一台电子文身仪（如图12-8所示），奥雷利在纽约为此申请了专利。在此仪器的基础上，绘身艺术家不仅可以绘制点线纹样，而且还可以使用许多不同针型描绘轮廓的阴影，使美国绘身艺术自成一体。美国绘身法用五根以上的针进行绘制，可以表现浓重的黑色阴影和多种色彩交替使用。初始期仅限于黑色和红色，逐渐加入绿色和蓝色等。新的机械纹刺方法不仅缓解了纹刺疼痛感，而且使用文身效率倍增，刺绘的纹样和图案的准确性也大大提高。由此，不仅提高了速度，提升了质量，还吸引了更多的人加入绘身艺术队伍，甚至很多的现代女性也参加了进来。

3. 绘身材料

用以彩绘的色料主要有油画颜料、戏剧颜料、丙烯颜料和后研制发明的散沫花颜料。

油画颜料是各种绘画颜料中唯一能绘以人体不变不褪色的颜料。戏剧油彩比油画颜料更为细腻，更易用于皮肤。丙烯颜料经稀释后可用喷枪喷绘。但上述三种颜料均有各自的局限性，故后又研发了散沫花颜料。

散沫花颜色是从植物中提取的对人体无害色料，先把这种植物碾成汁，制成石膏状后，将其涂绘在皮肤上，经过数小时干燥和皮肤吸收，再清洗刺膏状色料后，皮肤上边呈现出所表现的纹样来。这种色料不仅纹样轮廓清晰，而且能散发阵阵香气。保持1～3周后，纹样随色彩褪去，不必经任何特殊处理，皮肤色泽和质地恢复原样，丝毫不受损伤。

散沫花色料有洋红、黑色、红色、蓝色、黄色、紫色、白色等多种色相。使用前必须对颜料瓶摇晃，使色料上下浓稀均匀。将色料和溶剂一起倒入雏形胶袋中封闭后，再次将袋内色料放在掌心搓匀，直到没有任何结块时方可使用。绘制前，皮肤一定要清洗干净，用毛巾将护肤液和死皮擦净，这样散沫花色料就易于固定在皮肤表面。

四、绘身艺术与着装

身体是一种传递情感信息和文化艺术的形象语言，绘身艺术与服装穿着相结合便形成一种新的更富于魅力的形象语言，将古老的绘身艺术从单纯的艺术欣赏、种族传承中解放出来，赋予其极有生命力的时尚性与创造性，现代服装设计师和形象设计师发现了这一新的用武之地。

服装是以面料为物质形式遮挡肉体，绘身则是以特殊的纹样和色彩遮盖肉体，从视觉心理效果方面看，绘身艺术似比服装更高一筹。

"世界上可有穿衣服的民族，但绝没有不需要装饰的民族"。绘身艺术与服装的结合给人体的美和装饰创造了新的境界。

1. 绘身艺术与时装

流行是时代的一种表达，是同一时段、不同地区大多数人对事物的一种共识。时装，

服饰手工艺

是流行的一种物质体现，通过服装的款式、色彩和面料，体现流行的风格、流行的美和流行的装饰形式。当古老的绘身艺术与时装搭配在大庭广众的视线中时，人们看到了裸露在皮肤上的绘身纹样和新颖时装交相辉映，新奇而夺目。

新颖的文身材料有文身贴纸和水晶贴片灯，操作简单易行，色彩和纹样鲜明夺目。而且，贴制纹样过程毫不痛苦，设计师只需轻松地将这些带有时尚画面的纹样贴片贴在需要装饰的部位即可。这些时尚的文身图案和色彩给时装注入了新的激动人心的力量，让时装和人体形象的展示达到极限。（如图12-9所示）

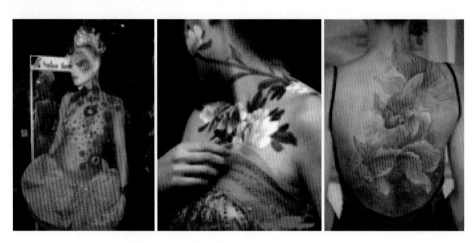

图12-9 彩绘与时装配饰、礼服、生活装

2. 绘身艺术与礼服

礼服是人们在社交礼仪场合穿着的服装统称。一般来讲，礼服需要具备礼仪性和一定的装饰性。女式礼服，特别是晚礼服的款式常呈现低胸、露胸、露肩、露背等特色，这些"合法"的裸露部位为绘身艺术提供了极其有用的合理空间。因为这些部位是传统文身的世袭领地，可以得心应手地进行创作发挥。

将绘身艺术融入礼服设计，给裸露的肌肤注入时尚的主题与色彩，会使礼服的品位得到进一步升华，更耐人寻味。晚礼服的绘身色彩，可以采用水晶文身材料来表现，这样可以使得礼服的样式更华丽，更充满诱惑力。

婚纱是新娘的主要婚礼服装，也是礼服的一种。白色的婚纱与现代绘身手法相结合，珠联璧合，可为婚礼制造出绝妙的氛围。特别是将文身贴片大胆用于面部、颈部等部位时，常能起到出奇制胜的戏剧效果，使婚礼气氛达到高潮。

3. 绘身艺术与休闲装

现代的都市街头，年轻女性身着吊带衫、露背露脐装和超短裤、超短裙，大片的肉体裸露在光天化日之下，绘身艺术便悄悄乘虚而入。当商家视绘身艺术为新的生财之道后，绘身艺术与休闲装相配，便成为大势所趋。

新的纹刺艺术形式，新的彩绘材料和新的穿孔、美甲艺术，成为都市时髦者的新宠，伴随着他们求异、求新、求美、求变的天性，推动着绘身艺术样式不断出现新的风格和新的境界。

五、绘身作品鉴赏

绘身作品如图12-10 ~ 图12-13所示。

图12-10 人体彩绘

图12-11 人体彩绘《雄狮》

图12-12 人体彩绘《链》

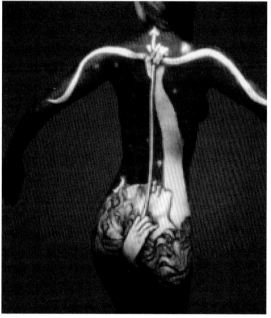

图12-13 人体彩绘《天平》

练习题

1. 请以自己的手为彩绘模型，画一个鸟巢，要生动地表现出鸟巢中"草壳内的秘密"。

2. 网络资料：寻找最有创意的人体彩绘图片；利用人体不同骨骼肌肤部位设计最具视觉冲击力的彩绘设计图稿。

参考文献

［1］吴静芳. 服装配饰学. 上海：东华大学出版社，2005（09）

［2］朱利峰. 家居十字绣. 北京：中国纺织出版社，2005（04）

［3］廖娟. 温馨家居小布艺. 青岛：青岛出版社，2010（02）

［4］潘凝. 服装手工工艺. 北京：高等教育出版社，2002（12）

［5］潘凝. 服装手工工艺. 北京：高等教育出版社，2003（07）

［6］安毓英，杨林. 中国民间服饰艺术. 北京：中国轻工业出版社，2005（01）

［7］张宏，秦喜明. 中国历史文化名村——良户. 太原：山西人民出版社，2012（01）

［8］要红霞. 怎样学剪纸. 北京：金盾出版社，2004（04）

［9］李雪玫，迟海波. 扎染制作技法. 北京工艺美术出版社，2000（07）

［10］尤珈. 饰品十字绣. 北京：中国纺织出版社，2005（04）

［11］赵丹苹. 绘画十字绣. 北京：中国纺织出版社，2005（04）

［12］崔荣荣，张竞琼. 近代汉族民间服饰全集. 北京：中国轻工业出版社，2009（04）

［13］赵晓玲. 民间手工艺墩花的抢救性保护研究. 山西省社科联"十一五"规划重点课题. 编号：
　　　　SSKLZDKT2009099. 2010. 7

［14］赵晓玲. 为晋城旅游景点设计特色纪念品. 山西青年干部管理学院学报. 2005（10）

［15］中国女红网www.800.gk.cn图片来源

［16］中国毛衣编织网www.songshi23.com图片来源

［17］肉丁网www.rouding.com图片来源

［18］优酷网v.youku.com图片来源

［19］百度网Image.baidu.com图片来源

［20］张晓霞. 汉字与传统服饰及其装饰纹样关系的研究. 苏州大学. 2001

［21］刘敏. 中国结艺术与现代设计中的应用与研究. 西安建筑科技大学学报. 2007

［22］张雨华. 南通地区蓝印花布服饰艺术研究. 苏州大学. 2008

［23］乌兰. 论传统蒙古族元素在现代蒙古族服饰设计中的应用. 内蒙古师范大学. 2009

［24］沈路涛，晋群. 民族手工艺步出深闺. 中国纺织报. 2000（07）

［25］郭艺. 追寻逝去或即将逝去的手艺——关于浙江传统民间手工艺资源保护的思考. 浙江省群众文化
　　　　学会2002年年会论文集，2002

［26］王晓梅. 哈萨克族手工艺图案在幼儿美术教学活动中运用的几点尝试. 国家教师科研基金
　　　　"十一五"成果集（中国名校卷）（四），2009

［27］赵晓玲. 服饰文化纵览. 太原：山西人民出版社，2007（03）

［28］冯盈之. 汉字与服饰文化. 上海：东华大学出版社，2008（09）

［29］袁杰英. 中国历代服饰史. 北京：高等教育出版社，1994

［30］鲍小龙. 手工印染·扎染与蜡染的艺术. 上海：东华大学出版社，2006

［31］孙佩兰. 刺绣与服饰文化. 丝绸，1992（5）

［32］李友友. 民间刺绣. 北京：中国轻工业出版社，2005